北京市重点学科："网络治理"交叉学科成果

安全软件市场监管

李欲晓　崔聪聪　杨晓波　田松林　著

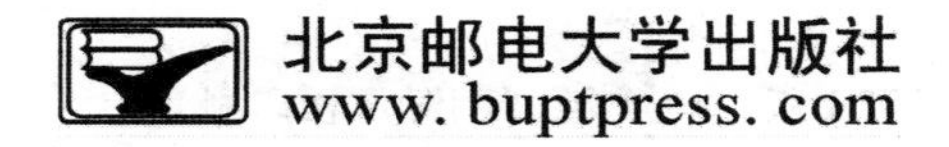
北京邮电大学出版社
www. buptpress. com

内容简介

本书从网络、信息与软件安全的“看门人”安全软件着手，系统分析了安全软件对保障网络、信息与软件安全的重要性。通过梳理安全软件发展的现状及其存在的问题，提出应完善《反不正当竞争法》，强化安全软件企业的信息披露义务，完善市场准入和退出制度，强化行业自律，以维护公平有序的竞争秩序，从而强化安全软件保障网络、信息与软件安全的功能。

本书可供网络与信息安全的从业者、互联网监管机构工作人员参考使用，并可作为信息安全、通信工程、计算机网络、信息系统工程等专业的本科高年级或研究生的参考用书。

图书在版编目（CIP）数据

安全软件市场监管 / 李欲晓等著. -- 北京 ：北京邮电大学出版社，2014.12
ISBN 978-7-5635-4131-7

Ⅰ. ①安…　Ⅱ. ①李…　Ⅲ. ①软件开发—安全技术—市场监管　Ⅳ. ①TP311.52
中国版本图书馆 CIP 数据核字（2014）第 199690 号

书　　名：安全软件市场监管
著作责任者：李欲晓　崔聪聪　杨晓波　田松林　著
责 任 编 辑：何芯逸
出 版 发 行：北京邮电大学出版社
社　　址：北京市海淀区西土城路 10 号（邮编：100876）
发　行　部：电话：010-62282185　传真：010-62283578
E-mail：publish@bupt.edu.cn
经　　销：各地新华书店
印　　刷：北京鑫丰华彩印有限公司
开　　本：720 mm×1 000 mm　1/16
印　　张：10
字　　数：194
版　　次：2014 年 12 月第 1 版　2014 年 12 月第 1 次印刷

ISBN 978-7-5635-4131-7　　　　定　价：29.80 元

前　言

互联网，这个曾被认为是中国管制最少、准入门槛最低的行业，在自由的环境下旺盛了近20年：截至2014年6月底，中国网民数量达到6.32亿，互联网普及率为46.9%。中国也成为全球互联网竞争最为激烈的市场之一。随着互联网市场进入“混业经营”时代(企业由从事单一业务转向多元化经营电子商务、搜索、网络游戏、IM、安全等业务)，传统企业尤其是各类传统互联网服务企业都面临新的竞争对手、竞争格局和竞争方式。新领域、无序竞争、监管缺失、公众关注等这些因素导致网络服务业的竞争往往趋向于成为社会热点，而网络本身的广泛覆盖和深入渗透更使得市场行为经常成为公众利益与企业价值冲突的平台。在冲突的过程中，网络用户往往成为企业之间不正当竞争的受害者。

安全软件市场竞争秩序混乱，网络用户的权益无法获得有效保障，一方面与网络企业的强势有关，另一方面是由于现有相关立法的滞后以及监管制度的不健全。传统的反不正当竞争法、反垄断法、消费者保护法、侵权责任法等在网络时代遭遇了前所未有的挑战。立法的滞后已无法对相关市场行为的合法性予以准确定性，尤其是涉及滥用市场支配地位等不正当竞争或垄断行为的判断，再加上有效市场监管的缺失以及低违法成本，使得企业在经营过程中的不当行为很难受到约束。因此，网络社会不仅需要保护网络用户合法权益的规则，也需要规范网络企业公平竞争的规则，更需要规范网络监管机构履行职责的规则。

尊重和维护网络用户的合法权益，公平竞争，也就相当于给了互联网行业一个重新建立规则、塑造新商业文明的机会。以此为契机，引发我们思考中国的互联网立法，订出相关互联网企业行为规范，从根本上解决互联网企业竞争的乱象，引导中国互联网企业走上良性循环。在这样的背景下，我们完成了《安全软件市场监管》一书，期冀供工业和信息化部、公安部以及其他行业主管机关在监管安全软件市场时参考，并能为我国完善安全软件行业监管立法提供理论支撑。本书各章撰写者如下：第1章，李欲晓、杨晓波；第2章，崔聪聪；第3章，李欲晓、杨晓波；第4章，田松林；第5章，崔聪聪、田松林。

目　录

第1章　安全软件界定及其发展趋势

1.1　安全软件的概念

明确监管对象是进行监管的前提。安全软件作为一个新兴的概念，目前国内外并没有一个较为权威的定义。因此，在界定安全软件基础上，划分出被监管主体的范围就显得格外必要。

百度百科上的定义是："安全软件，是指一种可以对病毒、木马等一切已知的对计算机有危害的程序代码进行清除的程序工具。安全软件也是辅助管理计算机安全的软件程序。安全软件主要以预防为主，防治结合。它可以分为：①杀毒软件，又称反病毒软件，是用于消除计算机病毒、特洛伊木马和恶意软件的一类软件。杀毒软件通常集成监控识别、病毒扫描和清除、自动升级等功能，有的杀毒软件还带有数据恢复等功能，是计算机防御系统（包含杀毒软件、防火墙、特洛伊木马和其他恶意软件的查杀程序、入侵预防系统等）的重要组成部分。例如，目前的360杀毒、卡巴斯基安全部队、小红伞、瑞星杀毒、金山毒霸、诺顿等。②辅助性安全软件，主要用于清理垃圾、修复漏洞、防木马等。系统工具可以尽可能地减少计算机执行的进程，更改工作模式，删除不必要的中断让机器运行更有效，优化文件位置使数据读写更快，空出更多的系统资源供用户支配以及减少不必要的系统加载项及自启动项。例如，360安全卫士、金山卫士、瑞星安全助手等。③反流氓软件，主要用于清理流氓软件，保护系统安全。例如，超级兔子、恶意软件清理助手、Windows清理助手等。④加密软件，主要是通过对数据文件进行加密，防止外泄，从而确保信息资产的安全。"①

维基百科上的定义是："安全软件，是指任何用于保护计算机系统或网络安全的计算机程序或程序组。安全软件的类型包括：①杀毒软件；②反密码窃取软件；③加密软件；④防火墙；⑤入侵检测系统；⑥间谍软件移除工具；⑦沙箱（sand-

① 百度百科：安全软件，资料来源：http://baike.baidu.com/view/541009.htm，2013年3月18日访问，以及其他网络资料。

box)[①]；⑧其他任何具有安全功能的可操作的系统。”[②]

中国互联网信息中心(CNNIC)在其报告中将安全软件定义为：包括杀毒软件、防火墙软件、查杀木马插件等安全辅助软件等各种类型安全软件的集合。[③] 还有相关安全软件厂商指出，所谓(互联网)安全软件，是指保障互联网用户个人隐私或商业信息在网络上传输时的机密性、完整性和真实性的软件。[④] 更有国外学者采用更简洁的概括认为，安全软件即是保障个人计算机和网络系统安全而设计的计算机软件。[⑤]

上述定义，或以概括，或以列举的形式对安全软件进行了阐释，但可以看出，其核心均指向维护“计算机安全”与“网络安全”的软件或程序。然何为“维护安全”？狭义上可以理解为查杀病毒、木马等威胁；广义上却能广阔延伸，如对系统垃圾进行清理，提供安全下载通道，对系统进行优化等。在界定安全软件时应采用狭义还是广义？此外，上述定义未明确此类软件或程序的功能是否具有专一性。网络安全市场上能够提供安全功能的并非局限于专门提供安全服务软件，其他类型软件也可以通过添加安全组件或模块的形式来实现安全防护功能，如腾讯旧版本的QQ软件附带的盗号木马查杀功能(QQ医生)。这种附带安全功能的软件是否属于安全软件？再者，随着云计算技术的逐渐成熟，在线安全查杀服务[⑥]也随之产生。如金山、瑞星、江民都提供该类服务。[⑦] 在线查杀仅需安装相应的控件，通过互联网和浏览器就能够进行，本质上不能算作软件。那么提供这种服务的厂商是否也属于监管的对象？同时，受各种网络安全“疑难杂症”、安全需求复杂多样等因素的影响，人工安全服务模式兴起，严格意义上该类服务不属于软件，是否将其排除在安全软件监管的范围？最后，平板电脑、智能手机等新终端形式的普及使安全软件的概念早已不局限在“计算机软件”上。故前述的各种概念均无法准确地界定安全软件，也无法明确监管的主体范围。

结合目前已有的观点和存在的问题，我们认为：安全软件即任何用于保护计算

---

① 对于病毒的检测，使用虚拟的环境来让可疑程序运行以发现其是否具有破坏性。

② 维基百科：Security Software，资料来源：http://en.wikipedia.org/wiki/Security_software，2012年1月10日访问。

③ CNNIC：2009年中国网民网络信息安全软件使用行为调查报告，2010年3月。

④ 参见：奇虎起诉腾讯垄断案件起诉书，资料来源：http://tech.163.com/12/0418/10/7VC8EEIK000915BF.html，2012年4月20日。

⑤ S.E.Smith：“What Is Security Software?”，http://www.wisegeek.com/what-is-security-software.htm，2013年1月4日访问。

⑥ 在线查杀又具体可以分为在线查毒和在线杀毒。在线查杀是指不需要用户把整个杀毒软件安装在本地计算机，用户只需要在本地装一个很小的客户端程序或安全控件，即可通过网络调用远端服务器上的杀毒软件程序和病毒库对本地计算机进行查毒或杀毒工作。

⑦ 金山提供的http://www.pc120.com在线查杀毒服务已经下线。

机、智能移动终端和网络安全的程序和指令集合。它具有以下一项或几项功能：①对计算机、智能移动终端和网络进行安全防护；②对已存在的安全威胁进行清除和治理；③对计算机、智能移动终端进行优化、清理等安全辅助性功能。具体到安全软件行业监管的对象上，我们认为可以用功能来判断和明确。安全软件行业监管对象的共同点是：他们提供的产品或服务具有网络、终端安全防护、治理和优化等功能。提供附带安全功能软件、在线查杀应用、人工服务等的厂商，都应纳入到监管的范畴，因为其提供的都是安全服务。或可言，对安全软件行业的监管即是对安全服务提供商的监管。这与云计算环境下软件即服务模式的本质也是契合的，符合互联网发展的趋势。

根据厂商提供的产品功能和种类的差别，安全服务提供商又可以分为完全安全服务提供商和非完全安全服务提供商。完全安全服务提供商是指其提供的产品具有专一性，该厂商的经营范围全部为提供安全“防治服务”。而非完全安全服务提供商是指该厂商在提供安全服务的同时还提供其他类型的产品，或其提供的一款非安全软件具有安全功能。完全安全服务提供商和非完全安全服务提供商都是安全软件行业监管的对象。

1.2　中国安全软件发展现状

安全软件是近年兴起的概念，在此之前，安全软件主要指杀毒软件。杀毒软件的发展同计算机网络病毒的产生和传播紧密相连，由于计算机及网络从发展到广泛应用的时间并不长，因此安全软件（杀毒软件）的发展历程也并非特别复杂。

国内最早的一款杀毒软件是1989年诞生的KILL杀毒软件。[①] 1988年，Ping-Pong病毒通过软盘传入境内，不少计算机用户被感染。这是中国最早发现的计算机病毒。当时国内并没有专门的部门管理，刚开始只是由一些程序员等来开展民间反病毒活动。后来公安部组织人编写推出了中国第一款杀毒软件KILL。在当时杀毒软件市场并不是很广阔的环境下，KILL杀毒软件占据了包括政府、企业在内的绝大部分市场份额。但随着新病毒种类的不断增多，该款软件的处理能力并不能很好地满足市场需求，于是给其他新兴杀毒软件企业创造了机会。

20世纪90年代中期以后，随着互联网的快速发展和广泛应用，杀毒软件的市场也随之被扩展（主要针对企业用户），KILL杀毒软件一统天下的局面逐渐被打破。通过疯狂降价、媒体造势、诉讼等多种手段，瑞星、江民、金山毒霸等杀毒软件

① 1989年国内首个杀毒软件KILL的诞生，资料来源：http://sec.chinabyte.com/438/8616938.shtml，2012年1月20日访问。

逐渐获得更多的市场份额。①

金山、瑞星、江民等几家主要杀毒软件长期占据着国内杀毒软件市场的前几位，直到奇虎360出现。奇虎360的出现使得国内安全软件行业的状况发生急剧改变。截至2010年1月，在短短一季中，360软件就赶超了国内其他杀毒软件，结束了瑞星连续9年占据行业第一的历史。② 2010年5月，腾讯电脑管家正式诞生，标志着腾讯正式进入安全软件行业，市场竞争更加激烈。

在中国安全软件市场大增的情况下，国外杀毒软件也开始进入中国市场。早在1998年，赛门铁克公司就通过合作等多种方式开始进入中国市场。2002年，国际知名杀毒软件卡巴斯基开始进驻中国。2011年3月，小红伞在中国召开产品发布会；9月，德国第一品牌、全球领先的杀毒软件巨头G Data在北京召开新品发布会，其针对中国大陆市场的产品包括G Data杀毒软件2012、G Data互联网安全套装2012、G Data全功能安全软件2012及企业终端安全防护软件，正式进军中国市场。

目前国内主流的安全软件品牌包括以下8种。

（1）奇虎360

奇虎360公司创立于2005年9月，致力于互联网安全软件和互联网安全服务领域，其主要安全服务产品有360安全卫士、360杀毒、360手机卫士、360保险箱等。奇虎于2006年7月正式推出号称国内首款免费网络安全软件——360安全卫士，在不到两年的时间内，该款软件迅速发展为国内用户使用量第一的网络安全软件产品，覆盖国内近50%的互联网用户。根据2011年初的艾瑞数据显示，360安全卫士已覆盖了近80%的互联网用户，用户量超过3.5亿，稳居中国安全软件用户量第一；360杀毒的市场份额也超过了60%，用户量突破2亿。③

（2）金山网络

金山网络是金山安全与可牛网络技术有限公司于2010年11月合并成立的独立公司，其主要安全软件产品有金山毒霸、金山卫士、网盾、可牛杀毒等。金山安全则是老牌软件公司金山软件公司的子公司，成立于2010年4月15日。金山毒霸是金山软件公司于1999年推出的一款杀毒软件，凭借出众的杀毒性能，金山毒霸曾创下国内反病毒软件市场单一品牌月销售55万套的奇迹，更以近60%的市场占

---

① 杀毒软件发展史和国内杀毒软件状况，资料来源：http://tech.ccidnet.com/art/3089/20060905/892767_1.html，2012年1月20日访问。

② 360杀毒颠覆瑞星九年王座，市场份额跃居行业第一，资料来源：http://bbs.360.cn/4077772/34840181.html?recommend=1，2012年1月20日访问。

③ 360安全卫士、360杀毒获天空软件"2010最佳人气奖"，资料来源：http://www.bianews.com/news/37/n-341937.html，2012年1月21日访问。

有率成为国内信息安全及反病毒领域公认的领导品牌。[①]

（3）瑞星

北京瑞星科技股份有限公司成立于1997年3月，其前身为1991年成立的北京瑞星电脑科技开发部，是中国最早从事计算机病毒防治与研究的大型专业企业之一。瑞星以研究、开发、生产及销售计算机反病毒产品、网络安全产品和反"黑客"防治产品为主，拥有全部自主知识产权和多项专利技术。[②] 其主要安全软件产品有瑞星杀毒、瑞星防火墙、瑞星安全助手、瑞星加密盘、瑞星数据恢复服务等。

（4）腾讯电脑管家

腾讯电脑管家（原名QQ电脑管家）是腾讯公司于2010年5月推出的安全软件产品，其前身为2006年12月诞生的QQ医生。该软件拥有云查杀木马、系统加速、漏洞修复、实时防护、网速保护、电脑诊所、健康小助手等多种功能，且首创了"管理＋杀毒"二合一的开创性功能。根据腾讯官方数据显示，截至2011年10月，电脑管家装机用户量已突破2亿。[③] 同时，腾讯还推出了腾讯手机管家，成为手机等移动终端领域主要的安全软件产品之一。[④]

（5）江民

江民公司由中国反病毒专家王江民于1996年创建，其主要安全软件产品有江民杀毒系列、江民密保、江民专网安全防护系统、江民网警等。江民杀毒在质量管理方面严格执行国际标准，是中国首家通过国际第三方安全认证机构西海岸实验室（West Coast Labs）Checkmark反病毒最高级L2认证的反病毒厂商。[⑤]

（6）卡巴斯基

卡巴斯基反病毒软件是国际著名的安全软件产品，其厂商卡巴斯基实验室总部设在俄罗斯莫斯科。2002年，卡巴斯基进入中国市场，初期采取了诸如降低正版用户的使用成本等本土化政策来打开市场，但成效并不大。2006年7月27日，卡巴斯基公司正式宣布，将为奇虎旗下的"360安全卫士"免费提供杀毒功能。用户只需使用奇虎"360安全卫士"，就能免费获得卡巴斯基提供的最新反病毒

---

① 数据来自：金山安全实验室介绍，资料来源：http://xian.qq.com/a/20100524/000421.htm，2012年1月21日访问。

② 参见：北京瑞星科技股份有限公司，资料来源：http://labs.chinamobile.com/innobase/edition-view-272-3.html，2012年3月10日访问。

③ 数据来自：http://guanjia.qq.com/about/history.html，2013年3月17日访问。

④ 目前国内手机安全软件主要包括：360手机卫士，腾讯手机管家，网秦安全，金山手机卫士，安全管家，LBE安全大师等。

⑤ 百度百科：江民杀毒软件，资料来源：http://baike.baidu.com/view/384666.htm，2012年3月10日访问。

KAV6.0个人版正版软件。[①] 至此，卡巴斯基在中国安全软件行业的市场份额得以飞速提升。目前卡巴斯基主要的安全软件产品有卡巴斯基安全部队、卡巴斯基反病毒软件、卡巴斯基手机安全软件等。

（7）东方微点

东方微点公司成立于2005年，主要安全软件产品有微点主动防御软件和微点杀毒软件。微点主动防御软件开创了我国杀毒软件"主动防御"的先河，属于防病毒软件。该软件建立了动态仿真反病毒专家系统，能够自动判定新木马和病毒，并且能够自动提取新特征值并更新特征库，实现主动防御。[②]

（8）赛门铁克

赛门铁克公司成立于1982年4月，总部在美国加利福尼亚州，现今在全球40多个国家和地区有分支机构，全球员工超过14 000人。赛门铁克是信息安全领域全球领先的解决方案提供商，为企业、个人用户和服务提供商的内容和网络安全提供丰富的软件和硬件解决方案，确保信息的安全性、可用性和完整性。1998年，赛门铁克进入中国市场。2004年，赛门铁克中国第一个研发中心在北京设立。目前赛门铁克提供的主要安全软件产品包括：赛门铁克杀毒软件、诺顿杀毒软件、诺顿系统大师、赛门铁克远程控制大师、赛门铁克邮件安全大师等。[③]

1.3 中国安全软件的发展趋势

从国内的发展现状来看，我们认为，安全软件行业具有以下4个趋势和特征。

1.3.1 免费化

如今，网络病毒、木马制造者及恶意（流氓）软件制造者、黑客等已由单纯的满足心理需求向满足经济需求转变，各种影响网络安全和信息安全的不安定因素急剧增加。互联网的普及使企业的信息数据安全、系统稳定可靠性等受到严峻考验；个人用户的个人信息、隐私等也时刻面临威胁。尤其是在2006年—2008年间，爆发了一系列重大病毒事件，机器狗病毒、熊猫烧香病毒、维京病毒等，给我国网络安全稳定带来了惨痛的教训，至今网民依然记忆犹新。根据国家计算机病毒应急处

---

① 参见：揭秘卡巴斯基从默默无名到大获成功，载《成都商报》（电子版），2008年8月22日，资料来源：http://e.chengdu.cn/html/2008-08/22/content_90983.htm，2012年3月20日访问。

② 参见：微点主动防御软件，资料来源：http://www.docin.com/p-393619377.html，2012年3月20日访问。

③ 百度百科：赛门铁克，资料来源：http://baike.baidu.com/view/326323.htm? fromId=154546，2012年3月20日访问。

理中心《2007 年中国计算机病毒疫情调查技术分析报告》显示，截至 2007 年 6 月，我国计算机病毒感染率高达 91.47%。

随着不安全因素的增加，个人用户对杀毒软件、辅助性安全软件等的需求也不断增长。我国安全软件行业也由原来“三足鼎立”的局面[①]逐渐向“百家争鸣”发展。但鉴于中国现实国情，正版安全软件的费用使得个人用户市场不能完全打开。也正是在这种背景下，奇虎 360 于 2006 年 7 月 27 日正式推出国内首款永久免费的辅助性安全软件，开启了国内安全软件免费化的序幕。2008 年 7 月 17 日，奇虎 360 发布 360 杀毒，同样是永久免费。奇虎免费发布安全软件的行为使其迅速攻占大量市场。

随着安全软件行业竞争的不断激烈化，为争夺用户和市场，其他安全软件厂商不断加入到免费化阵营中来：

2008 年 7 月 24 日，瑞星全球免费发布“瑞星卡卡 6.0”，并捆绑免费期为一年的“瑞星杀毒软件 2008 版”和“瑞星个人防火墙 2008 版”。

2008 年 9 月 16 日，卡巴斯基宣布向符合要求的中国区论坛注册会员提供卡巴斯基全功能安全软件 2009 以及反病毒软件的一年激活码。

2009 年 2 月 27 日，江民科技宣布江民杀毒软件 KV2009 两年免费服务期限再延长三年。

2009 年 9 月 28 日，Windows 正版用户可在微软官网上下载免费杀毒软件 MSE(Microsoft Security Essentials)。

2010 年 11 月 10 日，金山正式宣布其金山毒霸(个人简体中文版)的杀毒功能和升级服务永久免费。

2011 年 3 月 18 日，瑞星宣布其个人安全产品全线永久免费，至此全国逾 8000 万瑞星用户都能免费享受到瑞星杀毒软件及瑞星个人防火墙、瑞星手机安全软件等涵盖计算机、互联网及移动互联网等全部信息安全领域的专业、全面的安全保护。

继个人用户领域免费化后，各大安全软件厂商逐渐转向中小企业的企业用户领域。

2011 年 6 月 15 日，奇虎 360 推出免费企业版杀毒软件[②]，根据奇虎公司公布的数据，在半年多的时间里，全国已有超过 20 万家企业、超过 500 万台计算机终端使用 360 企业版。[③]

---

① 指金山、瑞星、江民三家长期霸占着安全服务行业前三。

② 奇虎 360 企业版实施的是小于 50 点免费策略，有一定的限制条件。

③ 参见：360 企业版覆盖全行业，护航企业超 20 万家，资料来源：http://b.360.cn/news/news_21.html，2012 年 3 月 21 日访问。

2012年3月16日，金山网络发布全球首款彻底免费的企业版杀毒软件——金山毒霸企业版2012，该款安全软件的免费没有任何端点约束限制，所有用户能享受企业级而非单机版专业杀毒软件功能。

目前，我国约有1023万家中小企业，以每家企业用户10台PC计算，中小企业PC总数量将过亿。按平均每台计算机60元的年服务费计算，免费后的企业版杀毒软件将为我国中小企业用户每年节省60亿元的安全开销。[①]

不管是个人用户安全软件产品的免费，还是企业用户安全软件产品的免费；不管是有时间期限的免费政策，还是永久免费政策，盈利永远是企业从事一种商业行为的最终目的。各主要安全服务提供商纷纷推出免费产品和服务，是为争取市场份额，进而为其实现最终的经济利益做基础。安全服务提供商间争夺用户的激励"战争"，是互联网用户"人口红利"逐渐减少带来的必然后果。2008年—2009年，每隔半年全国网民数量可增长逾13%，而2010年，增幅回落到9%。在"蛋糕"总量增幅不大的前提下，如何从现有网民中争取到更多用户，成为市场战略的主攻方向。[②] 但是，也应当看，免费对于主要靠产品获利的安全服务提供商来说无疑是一场灾难。从病毒的捕获、分析，到引擎的制作，再到升级服务，这些过程都需要资金来维系，免费化的策略将使安全服务提供商的处境更加艰难。

然而，安全服务产品的免费化又是个人软件产品免费化潮流下的必然趋势。随着新一代互联网技术的发展，软件产品的互联网化、消费化、服务化和云端化特征越发突出。要想在这种转变中继续获得利益，就必须转变以卖产品为本位的思路到以卖服务为本位的思路上来。[③] 因此，安全服务提供商必须通过继续探寻新的盈利模式来弥补产品免费化所带来的损失，如通过提供增值服务和发布广告等来获得利润。而在这过程中，应当警惕某些安全服务提供商通过免费获得大量用户，并向这些用户推广有商业价值的其他应用软件，进而打击其他竞争对手的行为。

对于用户而言，目前免费的安全服务产品主要集中于个人用户领域，且提供的功能主要是一些基本的安全防护，部分产品的免费也有期限。对于个性化和专业化的需求，大部分安全服务提供商还是采取收费的模式。因此，对于安全防护系数要求较高的个人用户和企业用户，这种免费的福利可能难以惠及。同时，用户在选择免费安全软件或服务时也应当慎重考虑，应选择信誉和品质较高的产品或服务，

---

① 数据来源：企业安全软件进入免费时代，资料来源：http://www.0375.gov.cn/2012/0319/27355.html，2012年4月2日访问。

② 参见章迪思："3Q大战"后，互联网需要怎样的竞争，载《解放日报》2010年12月30日第4版。

③ 如NOD32和卡巴斯基通过提供代理服务的方式来收取代理费；360网址导航每年可为360带来近亿元的收入；360浏览器中的广告收入占了奇虎公司收入的70%；通过远程真人维护计算机收费服务等。（参见飞雪散花：免费安全软件究竟如何赚钱?，载《网友世界》2011年第10期。）

以免面临权利被侵犯的风险。

1.3.2　云安全技术逐步深入

云计算，是指用户可以通过网络按需求、以易扩展的方式获得所需资源。这种资源狭义上指各种 IT 基础设施，广义上则可延伸为各种服务。它是一种基于互联网的计算方式，是网格计算、分布式计算、并行计算、效用计算、网络存储等传统计算机网络技术发展融合的产物。这种新型的计算技术已经普遍被认为是继个人计算机、互联网之后的第三次革新浪潮，并得到了各国政府、IT 厂商的高度重视。目前，我国也已经将云计算列入国家战略性新兴产业，预示其在未来将迎来更大的空间。[①]

杀毒引擎和病毒库是构成杀毒软件的两大重要技术机制。简单来说，杀毒引擎就是一套判断特定文件或程序进程是否合法（是否为病毒程序）的技术机制。病毒库则指一个记录病毒特征文件的数据库。杀毒引擎和病毒库相互作用完成反病毒任务。[②] 早期安全软件的工作原理是，在病毒或木马出现之后，对这些恶意代码程序进行人工分析，并制作出包含病毒属性的特征码，软件厂商定期提供这些特征码供杀毒软件用户下载。用户更新了个人计算机上安全软件的病毒库后，软件就能根据特征码来对病毒和木马进行识别和清理，这种技术也被称为“病毒特征码识别技术”（见图 1-1[③]）。这种技术对于病毒木马查杀的准确率高、误报率低，但也存在速度慢的缺陷。从病毒木马的发现，到特征码的发布，再到用户更新本地的病毒数据库，存在一个较长的时间段，病毒查杀具有被动性的特点。于是，在这种缺陷下，“未雨绸缪”的主动防御技术出现了。主动防御技术基于虚拟机技术和病毒行为阻断技术，通过提取病毒木马的行为共性特征，如修改注册表、自我复制、不断连

---

① 我国《“十二五”国家战略性新兴产业发展规划》中提到：“把握信息技术升级换代和产业融合发展机遇，加快建设宽带、融合、安全、泛在的下一代信息网络，突破超高速光纤与无线通信、物联网、云计算、数字虚拟、先进半导体和新型显示等新一代信息技术，推进信息技术创新、新兴应用拓展和网络建设的互动结合，创新产业组织模式，提高新型装备保障水平，培育新兴服务业态，增强国际竞争能力，带动我国信息产业实现由大到强的转变。”表明云计算已被列入国家战略性新兴产业行列。

② 杀毒引擎在杀毒软件中起着核心的作用。一个完整的技术引擎一般包含如下几个行为过程：①非自身程序行为的程序行为捕获。包括来自于内存的程序运行，来自于给定文件的行为虚拟判断，来自于网络的动态的信息等等。②基于引擎机制的规则判断。这个环节代表了杀毒引擎的质量好坏，一个好的杀毒引擎能够在这个环节发现很多的病毒行为。虚拟机技术、实时监控主动防御技术都是在该阶段完成的。③杀毒引擎与病毒库的交互作用。杀毒引擎将非自身程序行为过程转化为杀毒软件可识别的行为标识符，然后与病毒库中所存储的行为信息进行比较，并作出处理。当前大多数的杀毒软件的病毒识别是在这个阶段完成的。（参见 zhangnn5：杀毒软件工作原理及现在主要杀毒技术，资料来源：http://blog.csdn.net/zhangnn5/article/details/6437371，2013 年 4 月 2 日访问）

③ 图片参考自：http://shop.micropoint.com.cn/product/index.htm，2012 年 6 月 23 日访问。

接网络等，综合这些特称来判断用户计算机上的不明程序（尚未被确认为病毒木马或安全服务提供商尚未发布病毒码特征）是否为病毒或木马，起到提前发现并阻止各种恶意行为的目的。这种技术的出现，弥补了病毒特征码识别技术反应缓慢的缺陷，但同时判断不准确甚至是误判也是困扰该技术发展的因素之一。

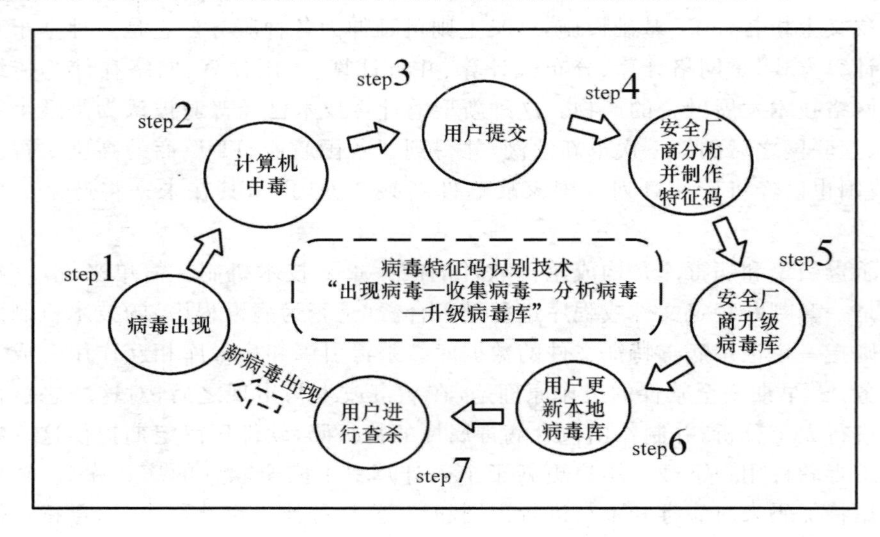

图 1-1　病毒特征码识别技术

无论是病毒特征码识别技术，还是主动防御技术，以及后来开发的虚拟机脱壳引擎技术、启发式杀毒技术等，在应对日益增长的海量病毒和木马等恶意程序代码上都无法得心应手。云计算技术的出现则为安全软件技术的发展提供了新的发展方向，基于云计算而产生的云安全技术成为各大安全服务提供商争相追捧的对象。迈克菲、卡巴斯基、赛门铁克、奇虎 360、腾讯电脑管家、金山、瑞星、趋势科技等都推出了基于云安全技术的安全服务产品。如腾讯电脑管家在 2013 年实现了云鉴定功能。QQ2013beta2 中打通了与腾讯电脑管家在恶意网址特征库上的共享通道，每一条在 QQ 聊天中传输的网址都将在云端的恶意网址数据库中进行验证，并立即返回鉴定结果到聊天窗口中。[①] 安全服务提供商通过安装在用户个人计算机上的客户端和互联网上的其他服务器，将出现的各种病毒样本进行收集，只要有用户受到攻击，病毒的样本就会迅速发送至安全服务提供商，这样恶意代码样本库就可以迅速增大，当有用户再次遇到相同的威胁时，就可以通过在线访问云端样本库的方式来进行查杀。[②] 大多数安全服务提供商的云查杀、病毒查杀的方式并没有

① 百度百科：安全软件，资料来源：http://baike.baidu.com/view/541009.htm，2013 年 4 月 1 日访问。

② 参见：趋势深度解析云安全，资料来源：http://wenku.baidu.com/view/d008d92fe2bd960590c677e2.html，2012 年 7 月 2 日访问。

本质的改变,但是云安全技术使得原本安置在本地计算机上的病毒样本库转移到了云端,占用用户客户端的空间变得更小。同时,云计算使杀毒引擎的功能得到跨越式的提升,这样就使用户的计算机资源和存储资源得到节约,病毒木马查杀的速度也得以加快。在病毒查杀过程中,随时可以调用云端海量的样本进行分析匹配,查杀的准确率也得到提高。此外,云安全技术除了应用于病毒查杀外,还衍生出了许多安全防护功能。例如,提供文件的白名单服务,借助云系统对白名单中的文件进行信誉评级;利用云系统收集恶意网站的名称,提供恶意网站的防护功能;使用云系统的文件数据库,进行智能判别,自动执行一些安全操作等。[①]

当然,云安全技术也并非毫无缺陷。如云端样本库的整合需要一段时间,该技术的前期优势可能不太明显。对于首次出现的威胁因素该技术也不能第一时间解决,也就是说,还是会有用户遭受损害。同时,云计算本身所存在的数据安全和用户隐私安全等问题也使该技术受到一定质疑。[②] 当用户的信息(尤其是可能涉及隐私的信息)因安全服务产品而泄露或被不法利用,当用户的数据或隐私文件被无意或故意上传、误删时,安全服务提供商是否应承担一定的法律责任?如果安全服务提供商的云端服务器设置在境外[③],在解决数据安全问题时又将面临法律管辖和法律冲突等问题,这都需要进一步的研究和探讨。当然,这些问题不是云安全技术所独有的,整个云计算技术的应用都面临着类似的挑战。

无论如何,随着互联网的发展,各种移动终端的普及,数据将会越来越集中,计算处理能力也将越来越集中,软件服务云端化是大势所趋,云安全技术本身所存在的安全问题也会随着法律制度的完善和隐私技术的进步而逐渐得以解决。

1.3.3 移动互联网安全应用发展迅速

近年来,移动互联网迅速发展起来,截至2012年6月底,中国手机网民规模达到3.88亿,在整体网民中占比72.2%,手机首次超越台式计算机,成为我国网民第一大上网终端。[④] 智能手机、平板电脑等智能移动终端呈现井喷式增长,其中尤其

---

① 参见CHIP《新电脑》评测实验室:四款云安全软件比比看,载《中国信息界-e制造》2010年第10期。

② 如有瑞星卡卡上网安全助手用户发帖担心加入瑞星云安全计划是否会泄露自己的隐私。(见“加入瑞星云安全计划会泄露自己的隐私吗?”,资料来源:http://zhidao.ikaka.com/Aspx/Html/StaticHtml/16561.html,2012年7月3日访问。)对于类似问题,瑞星也发布了官方解释,称:瑞星“云安全”只收集安全软件运行的状态、功能日志等信息,像软件序列号、电子邮件等私人信息不会被收集,因此不会有隐私的问题。而且,瑞星为用户提供了方便的关闭选项,用户随时可以关闭云安全信息的采集。(参见:有关瑞星云安全的五大问题和解答,资料来源:http://www.cnetnews.com.cn/2008/1216/1280305.shtml,2012年7月3日访问。)

③ 如趋势科技云安全已在全球建立了5大数据中心。(参见:浅谈云安全和主动防御,资料来源:http://bbs.kafan.cn/thread-1053881-1-1.html,2012年4月1日访问。)

④ 数据来自CNNIC:中国手机网民上网行为研究报告,2012年11月。

是智能手机的普及率快速上升。根据国际数据公司(IDC)2012年12月发布的《中国手机市场季度跟踪报告(2012年第三季度)》显示,预计到2013年年底,中国智能手机用户数将超过5亿。[①] 目前智能移动终端上的操作系统主要有IOS、Android、Windows Phone和Symbian,基于这些操作系统开发的各种软件应用也日益丰富。2012年5月,谷歌宣布Google Play的应用总数为62.7万,下载量已经超过150亿次。苹果的App Store的应用总量达到65.2万,下载量超过250亿次。[②] 这些应用软件涉及即时通信、游戏、网页浏览、社交网站、邮件管理、地图、影音播放、电子支付、新闻资讯等各个领域。

移动互联网和移动应用崛起的同时,手机病毒、移动终端隐私泄露、垃圾骚扰信息、流氓软件等各种安全威胁也日益猖獗。大量黑客进入移动互联网领域,从事生产病毒、攻击用户终端等行为。手机病毒可以通过短信、彩信、邮件、网站浏览、应用下载等方式进行传播,并可导致用户手机终端中的信息被窃取、资料被删、局部网络通信瘫痪,甚至还会损毁SIM卡、芯片等手机硬件,致使用户的利益和权利遭受损害。根据腾讯移动安全实验室的手机病毒报告显示,仅2012年4月,腾讯手机管家新截获手机病毒软件包5 547个,其中Android平台新截获3 815个,Symbian平台新截获1 732个。[③] 可见移动终端的安全形势不容乐观。移动终端(尤其是智能手机)由于其本身的特殊性,也使其安全威胁展现新的特点。如根据上述报告显示,在4月捕获的Android平台病毒当中,资费消耗类病毒占26%,相比3月虽有所下降,但依旧占据最大比例;隐私获取类病毒占23%,相比3月14%的比例,上升幅度相当明显;诱骗欺诈类病毒占18%;恶意扣费占15%,远程监控和系统破坏共占17%的比例。制造病毒者不再是简单的为破坏系统或文件而制造病毒,更明显的是为追逐直接经济利益和手机个人隐私信息。智能手机中用户的通讯录、位置信息、短信内容、照片等涉及个人隐私的内容都是容易被收集和窃取的对象。

这种不安全的移动互联网态势,让安全服务逐渐向移动互联网领域渗透。移动互联网的发展是大势所趋,国际著名市场调查机构Juniper Research经过调查后预测,到2011年,全球手机安全市场价值将为50亿美元,不仅仅包括杀毒软件,也包括智能手机的安全接入与安全加固。[④] 而在2008年,根据国内数据显示,中国

---

① 数据来自IDC:2013年底中国智能手机用户超5亿,资料来源:http://www.techweb.com.cn/data/2012-12-17/1263835.shtml,2013年3月10日。

② 数据来自艾瑞咨询集团:移动应用商店检测报告简版——ios开发者专题,2012年5月。

③ 数据来自:腾讯移动安全实验室2012年4月手机病毒报告,资料来源:http://www.3gmgc.com/html/88-2/2433.htm,2012年5月20日。

④ 数据来自刘晓峰:智能手机安全软件市场分析,载《商业文化(下半月)》2011年第8期。

手机安全市场价值仅为3.6亿元。[①] 艾瑞咨询最新发布的移动智能终端用户行为研究报告更是显示，仅2013年1月，国内手机安全软件的月度总使用次数就达到了38亿，平均每天有超过1.2亿用户在使用，这表明手机安全已成为国内移动互联网用户的刚性需求。[②] 正是如此，不少安全服务提供商正逐渐加大在移动终端设备上安全软件产品的开发，从而获得新的市场份额。2009年11月，奇虎360推出手机卫士，拥有Symbian、Android、iPhone三个版本的360手机卫士集防垃圾短信、防骚扰电话、防隐私泄漏、长途电话IP自动拨号、系统清理手机加速、归属地显示功能于一身，受到广大智能手机用户的欢迎。2010年3月，金山安全发布金山手机卫士，主要覆盖Symbian和Android两个平台，提供有流量监控、恶意扣费拦截、防垃圾短信、防骚扰电话、风险软件扫描及私密空间等实用安全功能。2011年7月20日，腾讯推出QQ手机管家；同月28日，腾讯继续发布QQ Pad管家，进入平板安全软件市场；2012年3月15日，QQ手机管家正式更名为腾讯手机管家。腾讯手机管家覆盖了手机和平板电脑主流操作系统平台，提供系统、通信、隐私、软件、上网五大安全体系；集防病毒、防骚扰、防泄密、防盗号、防扣费五大防护功能于一身。

各大安全服务提供商在智能移动终端安全服务市场上的争夺日益激烈，有利于促进该领域的技术创新。考虑到移动终端（尤其是手机）同个人信息和隐私的联系往往较为密切，这些移动安全产品本身的安全性就成为一个值得关注的问题，尤其是在Android系统环境中。由于Android安全架构的核心设计是，在默认设置下，所有应用都没有权限对其他应用、系统或用户进行较大影响的操作，那么在安装软件应用时就要求获得某些权限，其中包括读写用户隐私数据（联系人或电子邮件）、读写其他应用文件、访问网络等。软件应用应根据自身提供的功能要求合理的权限，安全服务产品也是如此。而现实情况是，用户在进行安装操作时，很少会去了解和分析一款应用所要求的权限，这就使用户的隐私等利益随时处于危险之中。安全软件因其功能特殊需获取多项系统权限，但必须控制在合理的范围之内。安全服务提供商应将这些法律风险控制在最低，建立同用户间的信任关系，这才是争取市场份额的关键保证。

1.3.4 产品和功能多样化

传统的安全软件主要指杀毒软件，功能也以病毒木马的查杀、防火墙为主，而现在的安全软件（服务）产品和功能变得多样化。一方面，网络安全威胁因素的不

① 数据来自：2008年中国手机安全市场价值将达到3.6亿元，资料来源：http://tech.163.com/06/0515/09/2H5FF27C000915BE.html，2012年5月10日访问。

② 参见王晓晴：用户需求推动移动安全市场快速增长，载《深圳特区报》2013年3月6日第B11版。

断增加和升级,单纯的杀毒和防火墙功能显然已经不能满足用户的基本安全需求。于是,诸如木马病毒专杀、系统漏洞修复、网购安全插件、垃圾邮件拦截、可信白名单服务等有别于传统病毒查杀功能的新产品和功能逐渐进入用户的安全体验中,并获得了不少用户的青睐。另一方面,海量软件和网络应用的出现,既满足了用户在终端或网络上对工作和娱乐的需求,也使散布在用户终端系统上的各种冗余文件和垃圾信息不断产生,造成用户的系统臃肿庞大,一些不必要的程序或进程占用大量的计算机资源,使用户终端运行变得缓慢。这为安全服务提供商开拓市场提供了契机,各大厂商相继推出系统优化软件产品或功能,如优化加速、痕迹清理、系统修复、进程管理等,将系统优化功能也纳入网络安全保护领域中。此外,各安全厂商推陈出新,在以上两个方面之外继续探索新的安全保护模式,如在线云查杀、人工服务、隐私加密功能、软件安全下载通道、云安全存储、安全浏览器等。奇虎360系列产品能够迅速占领个人安全服务市场与其安全保护功能种类的不断丰富不无关联,并且,360产品始终以免费的形式提供,对广大用户具有十分强劲的吸引力。

诚然,安全服务产品、功能的多样性给用户的安全保障提供了更多的防护,也使用户的产品体验晋升一个新的层次,然而也应当看到的是:第一,安全服务提供商的这种行为本质上还是一种抢占用户市场的行为,增加软件产品和功能的种类是为提升产品的市场竞争力服务的;并且从目前的实际情况看,不少新的产品和功能是“旧瓶装新酒”,借着安全防护功能之名对普通软件产品进行包装,在免费化大潮下“另辟蹊径”获取用户。第二,产品和功能的多样性也使其安全保护能力受到质疑。安全服务产品和功能的全面性是建立在安全技术全面和强劲基础之上的,过于追求种类的多样性,而技术水平跟不上,很有可能导致用户对安全服务提供商的信任缺失。放眼国外,主流安全软件产品如卡巴斯基、赛门铁克等,并没有一味追求产品和功能的多样性,这似乎只是国内安全服务提供商之间的“军备竞赛”。第三,部分软件或功能可能存在侵犯用户隐私以及从事不正当竞争行为的隐患。如某些手机助手软件,需要对用户手机中的通讯录、短信、照片等进行扫描,这一过程中是否有上传行为?用户不得而知,也没有相关的隐私政策进行说明,那么就极有可能涉及个人隐私泄露问题。又如用户通过某款安全软件提供的软件安全下载通道下载各类手机应用,该软件下载界面中会出现对各类手机应用的评分或排名,这些评分从何而来?有何依据?排名又是按照怎样的顺序和标准?所采用的标准是否中立?如果该安全软件刻意将与其同类的应用产品评以低分或排在较后的位置,从而影响用户进行选择,那么就可能存在不正当竞争的嫌疑。同时,用户基于对安全服务产品的信任而相信它对其他软件或应用的评价,进而做出选择,这种评价模式也有可能成为其他软件(非安全软件)进行不正当竞争的平台。

1.4　安全软件行业监管的必要性

1.4.1　典型安全软件案例

1. “3Q 大战”[①]

2011 年初，腾讯推出“QQ 电脑管家”，涵盖了云查杀木马、系统漏洞修补、安全防护、系统维护和软件管理等功能，而这也是目前 360 安全卫士的主流功能。

9 月 27 日，360 发布直接针对 QQ 的“隐私保护器”工具，宣称能实时监测曝光 QQ 的行为，并提示用户“某聊天软件”在未经用户许可的情况下偷窥用户个人隐私文件和数据。引起了网民对于 QQ 客户端的担忧和恐慌。

10 月 14 日，针对 360 隐私保护器曝光 QQ 偷窥用户隐私事件，腾讯正式宣布起诉 360 不正当竞争。

10 月 29 日，360 公司推出一款名为“360 扣扣保镖”的安全工具。360 称该工具全面保护 QQ 用户的安全，包括阻止 QQ 查看用户隐私文件、防止木马盗取 QQ 以及给 QQ 加速、过滤广告等功能。72 小时内下载量突破 2000 万，并且不断迅速增加。腾讯对此做出强烈说明，称 360 扣扣保镖是“外挂”行为。“360 扣扣保镖”成了矛盾升级的导火索。

（1）冲突升级——360、QQ 二选一

11 月 3 日傍晚 6 点，腾讯公开信宣称，将在装有 360 软件的电脑上停止运行 QQ 软件，倡导必须卸载 360 软件才可登录 QQ。据 360CEO 周鸿祎称，被迫卸载的 360 软件用户达到 6 000 万。晚上 9 点左右，360 公司对此发表回应“保证 360 和 QQ 同时运行”，随后 360 公司“扣扣保镖”软件在其官网悄然下线。3 日晚 21 时，360 又发出一封《360 发致网民紧急求助信：呼吁用户停用 QQ 三天》，称“这是 360 生死存亡的紧急关头，也是中国互联网最危险的时刻，希望您能够坚定地站出来，再次给予我们您的信任与支持！”至此，360 与腾讯的冲突全面升级。

（2）政府介入

腾讯公司宣布不兼容 360 软件后数小时，工信部、公安部、国新办等国家部门介入此事，一方面要求腾讯停止不兼容行为，另一方面要求 360 停止提供扣扣保镖下载并进行召回，并要求双方在软件上继续兼容。11 月 20 日，工业和信息化部对奇虎 360 与腾讯做出通报批评，责令双方在 5 个工作日内向社会公开道歉。

---

① 参见：3Q 大战，资料来源：http://baike.baidu.com/view/4633773.htm?fromenter=3Q%B4%F3%D5%BD，2012 年 5 月 15 日访问。

工信部在通报中表示，北京奇虎科技有限公司与深圳市腾讯计算机系统有限公司在互联网业务中产生纠纷，采取不正当竞争行为，引起用户不满，已经造成了恶劣的社会影响，两公司应在通报发布5个工作日内向社会公开道歉，妥善做好用户善后处理事宜；此外两公司应停止互相攻击，确保相关软件兼容和正常使用，加强沟通协商，并杜绝类似行为再次发生。

工信部还表示，相关互联网信息服务提供者要引以为戒，遵守行业规范，维护市场秩序，尊重用户权益，共同促进互联网行业健康、稳定、持续发展。

（3）事件结果

针对工信部的通报批评，腾讯与奇虎第一时间做出表态，称接受工信部的批评，将立即向社会公开道歉。4日360发表公开信称：愿搁置争议，让网络恢复平静，360扣扣保镖正式下线。11月10日，在国家相关部门的强力干预下，QQ已与360开始恢复兼容。

2011年4月26日，腾讯起诉360隐私保护器不正当竞争案做出判决，奇虎被判以捏造事实的方式损害了腾讯的竞争优势，构成不正当竞争，奇虎被要求停止发行360隐私保护器，并赔偿腾讯40万。奇虎提起上诉。

2011年9月29日，北京市第二中级人民法院宣布腾讯公司诉“360隐私保护器”侵权案的终审判决结果：北京奇虎、奇智软件以及三际无限的行为构成不正当竞争，判决三公司停止侵权；三家公司需要在本判决生效起30天内在360网站的首页及《法制日报》上公开发表声明以消除影响，并赔偿原告腾讯经济损失40万元。

（4）事件新进展

2012年4月14日，腾讯和360纷纷对外宣称，将针对3Q大战期间对方存在的不道德行为以及滥用市场支配地位行为，向对方提起诉讼。据悉，360则要求腾讯赔付1.5亿元，而后腾讯要求360赔付1.25亿元损失并在其网站连续三月赔礼道歉。

2013年3月28日上午，广东省高级人民法院对北京奇虎科技有限公司诉腾讯科技（深圳）公司、深圳市腾讯计算机系统有限公司滥用市场支配地位纠纷一案做出一审判决，驳回奇虎公司全部诉讼请求，腾讯公司不构成垄断。

2. 卡巴斯基诉瑞星不正当竞争案①

2007年5月19日，瑞星公司正式发出公告，称旗下软件卡卡上网安全助手升级组件，遭卡巴斯基反病毒软件当作病毒查杀，导致用户无法升级。

卡巴斯基公司当即表示，卡巴斯基将在保障用户安全的前提下，立即安排病毒

① 参见：瑞星称卡巴斯基蔑视中国用户，资料来源：http://soft.yesky.com/security/aqzxx/272/3348272.shtml，2012年5月15日访问。

分析工程师对瑞星卡卡在用户计算机内的行为进行全面评估。同日，互联网上出现多篇以“卡巴斯基查杀瑞星卡卡，导致大量用户无法正常升级”为题，内容完全一样的新闻稿，并且最早一篇来源自瑞星官方网站。

5月22日，瑞星公司在其官网发布《卡巴斯基雇佣论坛枪手恶意诽谤瑞星公司律师声明》称：自2006年9月至2007年5月，卡巴斯基公司雇用多家论坛、博客传播公司及大量论坛枪手(包括部分论坛版主和站长)，冒充用户的名义，通过夸大卡巴斯基产品功能，并宣称“瑞星产品不好用”“查不出病毒”等内容肆意诋毁瑞星公司品牌及产品形象，误导和欺骗公众，给瑞星公司造成极其恶劣的社会影响，严重侵害了瑞星公司的商誉等合法权益，严重影响了瑞星公司的正常运营并造成了巨大的经济损失。瑞星公司认为卡巴斯基公司的上述行为，已涉嫌违反《中华人民共和国反不正当竞争法》，并构成诽谤罪。

同日，瑞星公司在其官方网站上还发表了题为《瑞星悬赏100万征集更多证据，卡巴斯基面临国际诉讼，瑞星悬赏公告》的文章。该公告称：“鉴于卡巴斯基公司雇佣数家论坛传播公司和枪手，对瑞星公司长达9个月的恶意攻击(包括某些版主)，瑞星公司正式宣布，悬赏100万元人民币向社会各界继续征集相关证据。瑞星公司将征集更多的证据，对卡巴斯基提起国际诉讼，要求相关公司和个人承担民事及刑事等一切法律责任，并赔偿一切经济损失。”

6月1日，瑞星公司在其网站上再次发表律师声明，并公布针对原告的“瑞星悬赏卡巴斯基诽谤证据实施细则”，且在标题下方注明卡巴斯基半年内22次重大误杀。

北方网是以新闻为主的大型综合性门户网站。2007年5月30日北方网在滚动新闻栏目中转载了关于瑞星公司律师声明及悬赏公告的内容。题目为《瑞星悬赏百万征集证据诉卡巴斯基》。同日，登载北方网自行编辑的文章：《瑞星将诉卡巴斯基恶意诽谤：雇佣枪手大面积攻击》，全文发表瑞星律师声明及悬赏公告。

6月11日，卡巴斯基正式向天津市第一中级人民法院提起不正当竞争诉讼，要求瑞星公开道歉，并赔偿560万元人民币。12月19日，天津市一中院做出判决，要求瑞星及北方网删除相关文章并进行道歉，并赔偿损失45万余元。瑞星不服提起上诉，借此该案又被发回重审。

2009年6月2日，天津市一中院对案件重新做出判决，依然判定瑞星向卡巴斯基道歉并赔偿相关损失。瑞星对该结果仍存异议，随后再次提起上诉。

3. 迈克菲与赛门铁克之间的商业纠纷[①]

美国安全软件厂商迈克菲与赛门铁克之间的纠纷由来已久。

---

① 参见：杀毒软件与信息安全企业知识产权纠纷跟踪报告，资料来源：http://china.findlaw.cn/chanquan/zsvqrw/qita/47069.html，2012年4月23日访问。

1997年8月22日,针对赛门铁克发布的一个新闻材料、一个专家声明等,迈克菲在加州最高法院起诉赛门铁克造谣诬陷,损害了自己的商誉,构成不正当竞争,要求被告支付10亿美元的补偿性、惩罚性赔偿金。在此之前,迈克菲已经在日本对赛门铁克提起了知识产权诉讼。迈克菲认为,赛门铁克公司对双方于4月23日爆发的版权诉讼发布的新闻材料包含虚假、恶意信息。在该新闻材料中,赛门铁克声称:"迈克菲已经承认自己的 VirusScan 产品抄袭了赛门铁克的计算机程序代码,迈克菲此前曾经否认这种抄袭,但是现在承认赛门铁克的代码确实出现在了自己的旗舰产品中。迈克菲此前已经承认抄袭赛门铁克的 CrashGuard 产品的核心功能,并把该功能嵌入了自己的 Medic 产品。"迈克菲还认为,赛门铁克的首席技术官 Enrique Salem 做出的一个声明中包含虚假、恶意信息。在该声明中,赛门铁克的专家指出,"迈克菲认为,即使赛门铁克的代码出现在了 VirusScan 产品中,其也没有被使用。迈克菲正试图用这种主张开脱其罪责。……迈克菲把赛门铁克的 CrashGuard 代码嵌入了自己的 Medic 产品。赛门铁克来调查的时候,第三方专家发现迈克菲甚至还抄袭了赛门铁克的其他一些代码。"在指控赛门铁克不正当竞争的上述诉讼中,迈克菲认为,上述两个材料都歪曲了事实,侵害了自己的商誉。提起该诉讼后,迈克菲的副主席、网络安全产品部部长 Peter Watkins 宣称,赛门铁克对 VirusScan 产品的侵权指控不成立,因为有关代码在 VirusScan 任何版本的软件产品中都没有任何用处,不会发挥任何功用。实际上,Peter Watkins 的说法漏洞很大。其原因在于:即使迈克菲的版权没有甄别、删除从赛门铁克抄袭的垃圾代码,其仍需承担版权侵权责任。该副主席的声明实际上在肯定自己的公司、自己负责的产品侵害了他人的版权。

上述诉讼从版权、不正当竞争纠纷打到了商业秘密纠纷。在三个领域出现的知识产权诉讼给美国两大杀毒软件巨头带来了沉重的负担。1997年5月、9月,赛门铁克分别成为另外两起专利诉讼的被告。迈克菲也卷入了另外多起知识产权诉讼。由于诉讼压力太大,两公司于1999年12月达成和解协议,终结它们之间的版权、不正当竞争、商业秘密诉讼。

1.4.2 安全软件行业监管的必要性

1. 规制不正当竞争的需要

上述案例共同反映了一个问题:安全软件行业中的不正当竞争。诚然,不正当竞争并非安全软件行业的独有现象,也不是国内独有的现象(如前面提到的迈克菲与赛门铁克之间的长期纠纷),其他各个行业、其他国家和地区也大量存在。只是为何近年来国内安全服务提供商间的不正当竞争行为会表现得如此突出呢?笔者认为,这同中国乃至全球范围内安全市场的不断扩大和持续市场整合不无关系。

根据全球知名的信息技术研究和分析咨询公司 Gartner 发布的数据显示，早在 2010 年，全球安全软件市场总值就已达到 165 亿美元[①]，而这一数据在 2001 年仅为 52 亿美元[②]。根据该机构的预测，随着用户对安全需求的不断增长，接下来的几年全球安全软件市场价值将迅速增加，安全软件亚太地区市场扮演的角色也将日益重要。如 360 提交给美国证券交易委员会的财务数据就显示奇虎 360 公司 2010 年的总收入达到了 5 770 万美元。而该收入的 70%实际上是来自广告收入。[③] 如果奇虎以目前的市场占有率采取安全服务收费模式，其能够创造的市值将远远超过该数字。同时，传统强势安全厂商在安全软件市场中市场份额的逐年下降也为新兴的厂商争夺市场提供了广阔的前景。（见表 1-1）[④]安全软件市场的整合为新兴安全厂商的崛起提供了机会。

表 1-1　安全软件市场份额的改变

供应商	2006 年安全软件市场份额	供应商	2010 年安全软件市场份额
赛门铁克	29.5%	赛门铁克	18.9%
迈克菲	12.3%	迈克菲	10.4%
趋势科技	8.1%	趋势科技	6.3%
IBM	5.3%	IBM	4.9%
CA	5.0%	CA	3.8%
总计	60.0%	总计	44.3%

有需求就会有市场，有市场就会有竞争。在安全技术水平相当或均无法实现大的突破的情况下，不正当竞争行为成为各安全服务提供商一种成本较低的提升知名度、攻击竞争对手、抢占用户的手段。这些手段包括但不仅限于：损坏竞争对手商誉，破坏竞争对手软件服务完整性，虚假宣传，软件不兼容等。现存的问题是：违法成本太低，现行的法律和已存的判决先例并不能产生相应的震慑作用；监管力度过弱，各部门的分工也不够明确；一个具有自律功能的专业行业协会尚未形成；各安全服务提供商的良序竞争意识也还不够。在前述的 3Q 大战中，工信部、公安部和国新办等国家部门均纷纷介入，充分体现了目前各部门对于互联网企业（安全软件企业）监管分工的不明确。作为两个从事商业行为的商主体，商务部出面调停是否更为合适？从腾讯诉 360 隐私保护器不正当竞争案的结果来看，最后奇虎 360 赔偿金额仅为 40 万元人民币，赔偿数额明显过低。要求公开赔礼道歉等所能发挥

① 参见：安全软件——不断整合的未整合市场，载《通讯世界》2011 年第 8 期。

② 参见：去年全球安全软件市场总值 52 亿美元，载《信息安全与通信保密》2002 年第 2 期。

③ 数据来源于飞雪散花：免费安全软件究竟如何赚钱?，载《网友世界》2011 年第 10 期。

④ 图片来源于：安全软件——不断整合的未整合市场，载《通讯世界》2011 年第 8 期。

的作用也有限。卡巴斯基与瑞星之间的纠纷也同样存在上述问题。

正是如此，我国应通过加强对安全软件行业的监管力度、明确部门职能分工等措施，促进资源的合理配置、维护正常的经济秩序、保障其他安全服务提供商的合法权利。

2. 保障用户权益的需要

安全服务提供商之间的不正当竞争行为，最终受害的是最广大的用户。

3Q大战中，腾讯和360将用户的计算机当成不正当竞争行为的“战场”，对用户的正常使用产生了一定的干扰；瑞星与卡巴斯基的案例中，瑞星发布大量不实言论，一方面对卡巴斯基的商誉造成影响，另一方面用户对卡巴斯基的认识产生偏差，获得了大量的虚假信息，使用户不能了解卡巴斯基产品乃至瑞星产品的真实情况，也有侵犯用户知情权之嫌；360发布“隐私保护器”，声称腾讯窥探用户隐私，而360又是如何得知腾讯在窥探隐私以及窥探了哪些隐私呢？此外，安全软件的“误杀”行为还有可能侵犯用户在数据安全方面的权利。

中国社科院知识产权法研究中心主任李明德认为：“对于一些软件诱导甚至强制用户卸载对手的软件这个问题，强行卸载竞争对手的产品，从用户角度来说等于用户的财产权被破坏了，涉及破坏他人的财产。”[①]

中国政法大学经济法副教授吴景明也表示：“这方面的侵权现象绝不是微不足道，而是愈来愈普遍并非常严重，有时造成的损失是巨大的且无法补救的，所以应当引起全社会、法学界、司法界的高度关注。”[②]

用户基于《中华人民共和国消费者权益保护法》《中华人民共和国民法通则》《中华人民共和国侵权责任法》等法律法规所享受的这些权利或权益是切实存在的。但遗憾的是，在司法审判中有关安全软件的案件往往以不正当竞争居多，用户因自己的权益受侵犯而提起的诉讼少之又少。这一方面跟我国公民的维权（尤其是网络环境中的维权）意识不足有关，另一方面也同我国相关法律法规、制度不健全，维权道路艰难、维权成本过高等因素相关。在这种背景下，更是应该加强对安全软件行业的监管，促使相关法律法规的制定和完善，使用户权益少受或免受侵害。

3. 保障网络安全的需要

根据国家互联网应急中心（CNCERT）于2013年3月发布的《2012年中国互联网网络安全态势综述》显示，我国目前的网络安全态势是：网络基础设施运行总体平稳，但依然面临严峻挑战；网站被植入后门等隐蔽性攻击事件呈增长态势，网站用户信息成为黑客窃取的重点；网络钓鱼日渐猖獗，严重影响在线金融服务和电子商务的发展，危害公共利益；移动互联网恶意程序数量急剧增长，Android平台

① 参见钟瑞花：安全软件竞争祸及网民，载《中国质量万里行》2010年第7期。

② 参见钟瑞花：安全软件竞争祸及网民，载《中国质量万里行》2010年第7期。

成为安全重灾区；拒绝服务攻击仍然是影响互联网运行安全最主要的威胁之一；实施 APT 攻击的恶意程序频被披露，国家和企业的数据安全面临严重威胁；安全漏洞旧洞未补新洞迭出；境外攻击威胁依然严重。

图 1-2 表明，我国网络安全形势不容乐观。网络安全的保障，不仅需要法律、政策上的保证，还需要人力、软硬件和技术条件的支持。安全软件作为一种以病毒木马查杀、安全防护为主要功能的软件，在维护网络安全中起着举足轻重的作用。然而，各个安全服务提供商为争夺用户和市场而展开的不正当竞争、侵犯用户权益等行为，都可能使我国的网络安全形势进一步恶化。

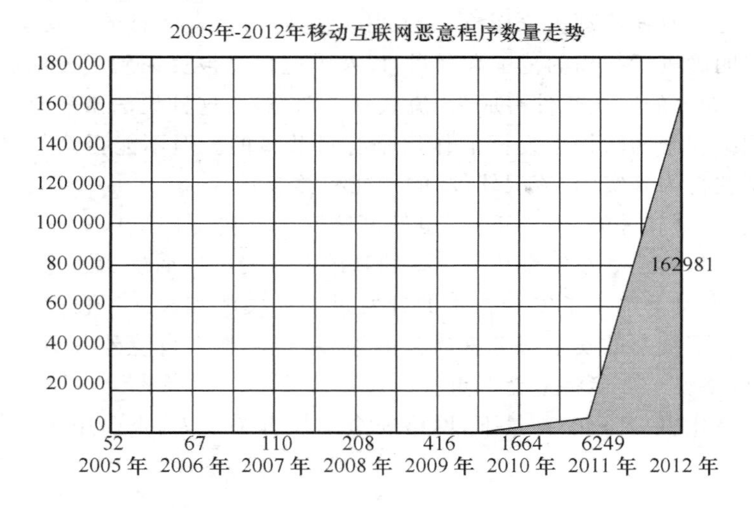

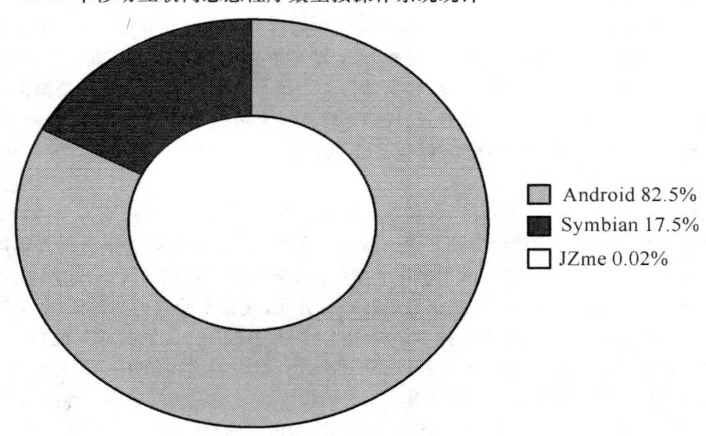

图 1-2　移动互联网安全威胁统计图①

① 图片来源于 CNCERT：2012 年中国互联网网络安全态势综述，2013 年 3 月 20 日。

具体来说，一方面，部分安全服务提供商的行为本身就可能对网络安全形势构成威胁。安全软件，本以保障网络安全为己任，但从某些曝光的事件可以看到，安全厂商以软件兼容性为由，要求用户卸载已安装的其他软件，这就使用户的计算机面临更多不安定的因素。互联网专家谢文曾一针见血地指出：拦截、误杀、卸载等血拼的手段使得原本应该是保护用户计算机的安全软件厂商，而成了计算机上的"不安定因素"。[①] 虽然从技术层面上看，安全软件（以反病毒软件为主）的任务是实时监控和扫描磁盘。[②] 它在病毒查杀技术实现上具有特殊性，并会对用户电脑上（或移动终端）的文件和数据进行扫描，但安全厂商在用户不知情（或无法自主选择）的情况下，是没有任何理由来窥探、收集用户任何的个人信息的。安全服务提供商应向用户明确进行扫描的范围和项目，以及哪些信息被反馈到了云端服务器。更有学者指出，如今的安全软件有成为"流氓软件"之势。这种说法虽然有失公允，安全软件在网络安全的防护中发挥的作用是有目共睹的。但不能否认的是，部分安全软件的某些行为确实同"流氓软件"的特征相类似。[③]

另一方面，安全软件的"不务正业"也使网络安全环境面临危险。安全软件服务和功能的多样化应建立在安全技术完备的基础上。安全厂商竭力通过各种方式抢夺市场的同时，是都给予了安全技术的开发足够的关注和投入？目前中国完全拥有自主杀毒引擎技术的安全服务提供商并不多，若面临来自境外有组织的攻击行为，中国的网络安全环境将遭受严重打击。

在全球网络化、信息化的背景下，网络安全不仅事关个人、企业用户的信息安

---

① 参见钟瑞花：安全软件竞争祸及网民，载《中国质量万里行》2010年第7期。

② 实时监控的原理体现为：某些反病毒软件需要通过在内存中划分一部分空间，将电脑中流过内存的数据与软件自身所带的病毒库的特征码相比较，以判断是否为病毒；另一些反病毒软件则在所划分到的内存空间里，虚拟执行系统或用户提交的程序，根据其行为或结果作出判断。而扫描磁盘的原理，则和前面提到的实时监控的第一种方式一样，只是在这里，反病毒软件将会将磁盘上所有的文件（或者用户自定义的扫描范围内的文件）做一次检查。（见百度百科：安全软件，资料来源：http://baike. baidu. com/view/541009. htm，2013年4月1日访问）

③ 中国互联网协会对"流氓软件"的官方定义是："在未明确提示用户或未经用户许可的情况下，在用户计算机或其他终端上安装运行侵犯用户合法权益的软件，但已被我国法律法规规定的计算机病毒除外。它具有如下特点：(1)强制安装：指在未明确提示用户或未经用户许可的情况下，在用户计算机或其他终端上安装软件的行为。(2)难以卸载：指未提供通用的卸载方式，或在不受其他软件影响、人为破坏的情况下，卸载后仍活动程序的行为。(3)浏览器劫持：指未经用户许可，修改用户浏览器或其他相关设置，迫使用户访问特定网站或导致用户无法正常上网的行为。(4)广告弹出：指未明确提示用户或未经用户许可的情况下，利用安装在用户计算机或其他终端上的软件弹出广告的行为。(5)恶意收集用户信息：指未明确提示用户或未经用户许可，恶意收集用户信息的行为。(6)恶意卸载：指未明确提示用户、未经用户许可，或误导、欺骗用户卸载非恶意软件的行为。(7)恶意捆绑：指在软件中捆绑已被认定为恶意软件的行为。(8)恶意安装：未经许可的情况下，强制在用户电脑里安装其他非附带的独立软件。备注：强制安装到系统盘的软件也被称为流氓软件。(9)其他侵犯用户知情权、选择权的恶意行为。"

全，更可能关系国家的政治经济发展，甚至是国家安全。因此，对于安全软件（服务）行业，应该加强监管，设定相应的技术和行业标准；同时奖励安全技术创新，鼓励厂商开发拥有自主知识产权的技术和产品，为我国网络安全的维护补上一剂“强心针”。

综上所述，鉴于目前我国对于安全软件（服务）行业的监管制度并不完善，行业领域内竞争秩序失调的情况时有发生，这不仅使其他竞争者的权益受损，也让广大用户的法定权益处于水生火热之中，甚至可能让国家政治经济安全处于不确定的状态。因此，国家加强对安全软件（服务）行业的监管和调控是十分必要的。

第2章　安全软件企业的不正当竞争及其规制

竞争是实现资源优化配置、促进社会进步、增进消费者福祉的最有效方式。有竞争，就会有采取不正当手段获取交易服务以及打击竞争对手的行为。网络出现后，传统的不正当竞争手段转移到了互联网上，同时也“催生”了一些新的不正当竞争行为。20世纪90年代颁布的《中华人民共和国反不正当竞争法》显然无法应对网络时代出现的新型不正当竞争行为。因此，修订《中华人民共和国反不正当竞争法》，以应对网络时代出现的新型不正当竞争行为，实属当务之急。

2.1　诋毁商誉

现代社会，商誉作为一种重要的无形财产，已成为企业市场竞争的无形资本和重要支柱。商誉使其所属主体能够获得市场其他主体的信任和支持，有助于建立、维持稳定的客户群，从而在上述基础上建立、维持稳定的市场份额，这在激烈的市场竞争中具有显著的经济价值，换句话说，商誉能为其所属主体产生重大的竞争利益。在缺乏基本信任的网络虚拟世界中，商誉的重要性愈发凸显，其已成为网络企业拓展业务的最重要手段。对于一些不法竞争者来说，破坏、诋毁他人的商誉似乎也成为获得“成功”的捷径：毁坏他人商业信誉，必然造成受害经营者的社会信誉下降，进而造成消费者的不信任，从而威胁该经营者在市场竞争中的生存与发展。在网络安全日益严峻的今天，一些网络安全服务商正是利用社会公众对网络安全知识的“无知”，[①]恶意散发损害其他网络企业商誉的信息，给受害人造成了严重的损失，因此法律特别是《反不正当竞争法》有必要对安全服务提供商的行为进行规制，以维护网络市场正常的竞争秩序。

2.1.1　网络时代诋毁商誉行为的特征

互联网时代，企业的宣传途径不再限于传统的媒体和广告，而是愈来愈多样

---

① 究竟是QQ窥探用户隐私已久，还是360借反窥视为名打击对手，由于涉及诸多技术细节，对于多数普通网民而言还无从判断。

化。经营者可以利用自营网站发布企业信息、宣传自身产品。搜索引擎已取代域名成为互联网的门户,企业开始通过支付搜索引擎服务商一定的费用来使潜在的消费者在最短的时间内接近自己,如百度公司提供的推广服务。社交网络的兴起,使互联网由"虚拟"转向了"真实",社交网络将成为企业宣传自己的最有效的平台。微博客出现后,以其信息传播速度快、范围广的特性,受到了企业的广泛青睐,微博客也成为商家获得口碑的最佳平台。此外,诋毁行为的对象也出现扩大化的趋势,诋毁行为既可能针对商品或服务本身,也可能针对企业本身,甚至可能针对企业的高管等公司的关键人物,如下文金山公司"商誉"被诋毁的案件。[①] 在这样的背景下,网络市场竞争中特别是安全软件服务提供商的诋毁商誉行为也因网络的出现而产生了一些新特点。

1. 实施方式和途径愈发多样化

网络时代,安全服务提供商除了利用传统的媒体如报刊、电视和广播宣传自己外,已将宣传的中心转移至互联网上,因此诋毁商誉行为出现了实施方式和途径愈发多样化的特征。

一方面,安全软件企业都建立了自己的网站,这些网站不仅仅提供软件下载、安全咨询服务,还承担着信息发布、广告宣传等职能。不仅如此,安全软件企业网站通常会设立 BBS,通过发帖和评论的方式供用户之间交流电脑安全优化经验或者由企业专业人员来解答用户的相关疑问。这些网站文章和论坛贴文的内容,常常会涉及安全软件之间的对比和对其他安全软件产品的评价,其中便存在损害竞争对手商誉的可能性。

另一方面,有些网络安全服务提供者会借用基于安全软件功能或者下属其他服务的功能,以查杀结果、软件弹窗、用户通知等方式对竞争对手做出评价和比较,特别是软件测评服务,这种服务向用户提供各种软件的对比和评价,在评价标准难以确定、缺乏公开的情况下,软件评测服务亦有成为攻击竞争对手商誉的可能性。另外,社交网络尤其是微博客的兴起,又为经营者对竞争对手评头论足提供了一个便捷的途径。

2. 侵权主体更加隐蔽和分散

现在许多 BBS 或者社交网络服务都不需要实名注册便可以发布言论,经营者如果想对竞争对手的商誉进行攻击,可以采用匿名的方式进行。为了扩大影响竞争对手商誉言论的传播范围,雇佣网络水军进行宣传成为一种常用的手法。这些"水军"往往由一些打着"网络公关"旗号的公司进行管理和运营,具有极强的隐蔽性,借助社交网络的蓬勃发展,产生了广泛的影响力。目前,网络水军已经形成一

---

① 我们认为,只要行为人的目的是降低受害人的声誉,而不论其行为针对的对象是企业本身,还是公司的高管或者是公司的产品和服务,都属于诋毁商誉行为。

个处于灰色地段的产业，其法律地位和行为都缺乏规范。当经营者雇佣网络水军对竞争对手的商誉进行攻击的时候，表面上便会出现网络上众多貌似不相干的账号向目标企业表示不满的现象，使受害人特别是网络监管机构误以为是“网络舆论”，而受害者在追究侵权人的法律责任时，受到网络虚拟性、“僵尸”账号等层层障碍的阻隔，往往难以寻觅和甄别出真正的侵权责任人。

网络时代，信息传递的低成本使得企业的普通员工也可以借助网络轻松地贬低竞争对手的商誉，这是侵权主体分散化的另一个表现。在 2010 年 10 月发生的蒙牛集团与公关公司合作，诋毁竞争对手伊利集团商誉的事件中，最终的责任人被认为是蒙牛集团的某产品经理。网络的虚拟性使得企业雇员在网络上的私人行为和职务行为更加难以区分，在发生诋毁竞争对手商誉的行为时，责任人也更加难以确定。

3. 损害后果非常严重

网络媒体传播信息的速度要远远快于传统媒体，因此侵权信息扩散的速度和范围都大幅提升，这导致利用网络侵害竞争对手商誉的损害后果较之传统媒体更加严重。不仅如此，在社交媒体时代，经营者对竞争对手商誉的攻击通过层层转发、转载，其传播速度和传播范围又得到了大幅提升。以微博平台为例，其信息制造和传播的主题更具大众性和平民化的特点，而个人电脑数据安全、隐私保护等问题，往往比较受互联网用户的关注，相关的重要消息也经常被转发，一些安全软件服务提供商正是利用网民对网络安全问题的关注，将诋毁竞争对手商誉的信息夹杂在微博中，这些信息在微博众多用户之间互相转发，病毒式地大范围扩散开来。

社交网络服务的迅速发展，在为用户提供了覆盖面广泛的公共言论的同时，也放大了网络空间上的“名人效应”。经营者利用公司高管的个人魅力和个人影响力，通过传媒向公众宣传企业理念，推介企业产品，这种营销手法已经屡见不鲜，并且在互联网行业更是盛行，如微软创始人比尔盖茨、Facebook 创始人扎克伯克以及已故的苹果公司创始人乔布斯，都是广为人知的网络名人。这些网络名人通过社交网络聚集起大批的崇拜者和关注者，他们的网络账号所发布的许多消息都会马上被大量地转发、转载，其中就可能包含攻击竞争对手商业信誉的言论，有些安全软件企业已经开始利用其高管的名人效应，助推和强化这种传播过程。在这种情况下，诋毁竞争对手商誉的行为一旦出现，公司高管账号发布的信息，能否认为是公司行为从而构成不正当竞争，便成为一个难题。2010 年爆发的“微博第一案”——北京金山安全软件有限公司诉周鸿祎名誉侵权一案，便成为上述现象的经典例证。在这个案件中，以法人名誉权受损害为由，对口无遮拦的竞争对手高管提起侵权之诉，明显不能对经营者的商业信誉提供完全的保护。

此外,在目前网络市场中,安全软件服务提供商不只提供一款产品,且每款软件都可能拥有庞大的用户群体,经营者就可以利用公司相关软件的庞大用户数量,通过弹窗、通知、评分排名等手段便捷地诋毁竞争对手的商誉,这也会迅速造成广泛的社会影响,致使侵权后果非常严重。

2.1.2　典型案例分析

在我国安全软件市场竞争过程中,经营者对竞争对手随意评论甚至恶意攻击的现象屡见不鲜,仅在金山公司与奇虎公司之间,就已经产生了多起诉讼纷争。

1. "微博第一案"

2010 年 5 月,奇虎公司高管周鸿祎于 4 天时间内在其在新浪、搜狐、网易等网站的微博上连续发表了大量指责金山公司的言论,其中包括,"金山在微点案中作伪证"、"金山想兼容是为了搞破坏"、"金山老员工葛柯被排挤"等微博。双方在网络上展开口水战。随后,北京金山安全软件有限公司一纸诉状将周鸿祎告上法庭,主张周鸿祎的微博言论"明显带有贬损性语言",导致金山公司股价大跌,损失巨大,要求周鸿祎停止侵权,消除影响,赔礼道歉,并且赔偿经济损失 1 200 万元。

北京市海淀区人民法院经过将近一年的审理做出了一审判决,认为周鸿祎作为同业竞争企业的负责人,利用微博作为"微博营销"的平台,密集发表针对金山公司的不正当、不合理评价,目的在于诋毁金山公司的商业信誉和产品声誉,削弱对方的竞争能力,从而使自己任职的公司在竞争中取得优势地位,势必造成金山公司社会评价的降低。不过,因其微博对于金山公司名誉权的影响有限,同时难以认定与金山软件的股价下跌存在必然因果关系,法院认定,周鸿祎的行为构成名誉侵权,要求周鸿祎停止侵权,并删除其中 20 条内容侵权的微博,同时致歉 7 日,并向金山公司赔偿 8 万元。之后周鸿祎向北京市第一人民法院提起上诉,终审法院判决维持了周鸿祎须向金山公司道歉的要求,但将周鸿祎需要删除的微博数减少为 2 条,赔偿金额缩减为 5 万元,并驳回双方其他诉讼请求。

2. 安全软件"漏洞"案

同样是在 2010 年,在起诉周鸿祎诽谤、侵犯名誉权仅三天之后,北京金山安全软件有限公司又向北京市第一中级人民法院递交诉状,起诉北京三际无限网络科技有限公司、北京奇虎科技有限公司不正当竞争。其中,被告奇虎科技公司是网站 www.360.cn 的经营单位,而被告三际无限公司是网站 www.360.cn 的主办单位,并且拥有"360 安全卫士(反木马功能)"软件产品的计算机信息系统安全专用产品销售许可证。法院经过审理认定,被告对其 360 安全卫士软件的一些设定阻碍了金山网盾软件产品在用户计算机上的正常运行,并且该软件在升级过程中自动弹出对话框,链接 360 论坛相关文章,在缺乏证据的情况下指责金山网盾软件存在漏洞，成为“木马通道”，诋毁金山公司的商业信誉和商品声誉。北京第一中级人民法院作出如下判决：两被告停止侵权行为并消除影响，赔偿原告的经济损失和合理支出共35万元。之后两被告向北京市高级人民法院提起上诉，终审判决驳回上诉，维持原判。

3. 3Q大战

2010年9月27日，360公司[①]发布隐私保护器。360安全中心认为腾讯公司[②]的QQ聊天软件在未经用户许可的情况下偷窥用户个人隐私文件和数据，包括用户浏览历史、网银文件、下载信息、视频文件等。腾讯公司认为，360推出隐私保护器的目标在于诬蔑腾讯QQ。[③] QQ安全模块扫描的是用户计算机中的可执行文件，不涉及用户文档或者聊天记录等信息。可执行文件是数据，不具有可识别特定个人的特征，不属于隐私权保护的对象，用户文档和聊天记录等才是隐私权保护的对象。360刻意曲解或误导用户看起来正常的QQ操作和安全检查。作为一家自称“专业安全软件厂商”的企业，却曲解这种非常通用的安全检查原理和方法，应该认定为蓄意诬蔑。

2.1.3 我国现行法律对商誉权的保护

1. 现行法律有关商誉权的规定

(1)《中华人民共和国民法通则》(以下简称《民法通则》)与《中华人民共和国侵权责任法》(以下简称《侵权责任法》)

在我国现行民法体系中，商誉权并不是一个法定的权利形式，而与其最为相近的概念是名誉。我国《民法通则》第101条规定：公民、法人享有名誉权，公民的人格尊严受法律保护，禁止用侮辱、诽谤等方式损害公民、法人的名誉。《最高人民法院关于贯彻执行〈中华人民共和国民法通则〉若干问题的意见》第140条第二款规定：以书面、口头等方式诋毁、诽谤法人名誉，给法人造成损害的，应当认定为侵害法人名誉权的行为。我国《侵权责任法》第2条第一款规定：侵害民事权益，应当依照本法承担侵权责任。其第二款列举了十八种受保护的民事权益，虽然并未直接把商誉权纳入其中，但是可以把商誉权归入到兜底条款“等人身、财产权益”当中去。由此可见，在民法的视野中，法人的商誉是采用名誉权来保护的。

(2)《中华人民共和国反不正当竞争法》(以下简称《反不正当竞争法》)

在竞争法领域，法律对商誉权的保护直接体现在对诋毁商誉行为的禁止上。

---

① 该案中360公司实际上指以下三家公司：北京奇虎科技有限公司、奇智软件(北京)有限公司和北京三际无限网络科技有限公司。

② 腾讯公司指的是以下两家公司：腾讯科技(深圳)有限公司、深圳市腾讯计算机系统有限公司。

③ 被诬蔑的主要是QQ安全检查模块。

我国《反不正当竞争法》第 14 条规定，经营者不得捏造、散布虚伪事实，损害竞争对手的商业信誉、商品声誉。但是，《反不正当竞争法》并未对经营者就其商誉所享有的权利的本质属性和具体内容做出规定，而仅仅指出经营者的商誉包括商业信誉和商品声誉两类，所以，《反不正当竞争法》上关于诋毁商誉行为的规定，就需要在一定程度上借助《侵权责任法》的规则来付诸法律实践。

(3)《中华人民共和国刑法》(以下简称《刑法》)

我国《刑法》第 221 条规定了损害商业信誉、商品声誉罪。根据《刑法》第 221 条的规定，捏造并散布虚伪事实，损害他人的商业信誉、商品声誉，给他人造成重大损失或者有其他严重情节的，处二年以下有期徒刑或者拘役，并处或者单处罚金。

(4)《规范互联网信息服务市场秩序若干规定》

工业和信息化部颁布的《规范互联网信息服务市场秩序若干规定》第五条第二项规定，互联网信息服务提供者不得捏造、散布虚假事实损害其他互联网信息服务提供者的合法权益，或者诋毁其他互联网信息服务提供者的服务或者产品，侵犯其他互联网信息服务者的合法权益。依照第 16 条的规定，互联网信息服务提供者有侵害其他经营者商誉的，由电信管理机构依据职权责令改正，处以警告，可以并处一万元以上三万元以下的罚款。

2. 法律适用

我国法律并未直接规定企业的商誉权，只是规定企业在《民法通则》上享有法人名誉权，并且在《反不正当竞争法》上享有商业信誉和商品声誉不被诋毁的权利。《反不正当竞争法》所规制的诋毁商誉行为，其主体仅限于具有竞争关系的经营者，而《民法通则》上侵害法人名誉权的主体却并没有特别限制。所以，针对企业商业信誉和商品声誉的保护，出现了双轨并行的局面。双轨制看似给企业提供了全方位的保护，但事实并非如此：对企业而言，网络时代的诋毁商誉行为的行为主体具有分散化和更具隐蔽性的趋势，这就导致商誉受侵害的经营者在寻求法律救济时会因为法条竞合而犹豫不决，出现每一种救济路径都不能给予受侵害经营者以完全的保护的尴尬境地；对法官而言，当企业的法定代表人发表了侵权其他企业商誉的言论时，无法确定适用《民法通则》还是《反不正当竞争法》，结果是受害人无法获得有效地救济，侵权人没有得到应有的惩罚，公平正当的竞争秩序无法得到有效维护。“微博第一案”就是一个例证，金山公司遭受的损害并非社会道德评价的下降，而是公众对其产品质量的不信任，这种不信任直接导致了公司销售额的下降。就周鸿祎指责金山的目的而言，其出发点是后者而非前者，但法院最终以侵犯名誉权结案，最终结果是金山公司的损失无法得到完全恢复，侵权人没有得到应有的惩罚。[①]

为克服双轨制的缺陷，《民法通则》有必要明确法人的商誉权，当侵权主体为不具有竞争关系的经营者或自然人时，依照侵权行为法的规定承担侵权责任；当侵权主体是具有竞争关系的经营者时，侵权人应依照《反不正当竞争法》承担法律责任，《反不正当竞争法》上的责任应该包括民事责任和行政责任。[②] 之所以如此，是因为《反不正当竞争法》是以制止微观侵权行为为手段，调整宏观经济秩序的特殊法律体系。在《反不正当竞争法》视野下，对侵权行为的判定应当顾及并同时超越对合法经营者个体私权的保护，直接关照对市场竞争秩序的维护，以保障更为广泛和深刻的公共利益。[③] 当侵权主体是具有竞争关系的经营者时，其侵权行为不仅侵害了受害人的商誉权（私权），同时也损害了市场竞争秩序，因此侵权人除了承担侵害商誉的民事责任外，也应承担损害市场竞争秩序的法律责任（行政责任），唯有此，才能恢复被损害的法益。

2.1.4 侵害商誉权的法律责任

1. 民事责任

（1）责任构成要件

传统理论认为，商誉权与知识产权一样具有地域性的法律特征，那就是“可分地域取得和行使”。商誉权的取得，建立在商誉权主体是否在该地区建立起良好商誉的基础上，并且商誉权主体也只有在该地区行使其商誉权才能得到法律的保护。因此，诋毁商誉行为的成立必须具备两个前提：一方面，在商誉权主体所享有的商誉权被侵犯时，其有产品在该地区销售，或其服务业务在该地区开展，或在该地区有与生产和流通有直接联系的经济行为，抑或有其从事生产和服务的分支机构；另一方面，必须有一定数量的消费者意识到该商誉权主体的产品或服务的存在。[④] 这两个方面的结合，足以确定商誉权主体在某一特定区域内是否建立了自己的商

---

① “中国餐饮业网民商誉侵权第一案”的判决结果也暴露出双轨制的缺陷，网民在“大众点评网”上污言秽语贬损一些餐馆。为此，几家餐馆将“大众点评网”以及有关网民起诉至人民法院。在这一案件中，无论是原告与“大众点评网”之间，还是原告与有关网民之间都不存在竞争关系。对非竞争对手之间侵害商誉权的行为，只能适用名誉权条款来规制。性质相同的商誉利益因侵害主体的不同，而分别适用不同权利条款予以保护，严重割裂了对商誉权进行保护的统一性，因此，《民法通则》必须明确商誉权的法律地位以应对现实的挑战。

② 我国现行《反不正当竞争法》虽然没有规定诋毁商誉的行政责任，但安全服务提供商诋毁他人商誉时，监管机构可以依照《规范互联网信息服务市场秩序若干规定》对其进行处罚。

③ 易杨：关于商誉侵权行为构成中几个问题的辨析，载《法学杂志》2009 年第 10 期。

④ 1990 年英国最高法院在瑞克特克尔曼有限责任公司诉保尔顿股份公司及其他侵权者一案中确立了提起侵犯商誉权之诉的两个条件：一是商誉权人必须在受诉法院具有管辖权的地区建立起了商誉；二是这种商誉必须与特定的企业的产品相联系，而且必须通过产品的明显特征表现出来。

誉。网络的无地域性特征使得网络服务提供商的商誉不再有地域性,其服务可以延伸至世界的任何一个角落,因此网络时代企业的商誉是全球性的,安全服务提供商对竞争对手及其他网络服务提供者的侵权不必再考虑商誉的地域性。

a. 侵权人具有过错

关于安全服务提供商诋毁商誉的归责原则,我国理论界和实务界存在不同的认识,有学者认为,针对商誉侵害案件,其侵权责任的归责原则应由法官视具体情况决定适用过错原则或一般过错推定原则。[①] 在北京江民新技术有限责任公司与北京翰林汇科技有限公司侵犯商誉权纠纷案中,一审法院从当前反病毒科学技术水平尚不能克服误报出发,没有认定江民公司在 KV300 误报发生前构成侵权,而对其被明确告知"写作之星"有黑客系误报后没有"积极作为"认定构成商誉侵权,即江民公司虽然没有侵害的过错,但对北京翰林公司扩大的损失没有及时避免,说明江民公司对扩大的损害是放任的,其行为存在过错,应承担侵权责任。[②]

我们认为,因侵害商誉权而引发的停止侵害和消除影响等民事责任,不以行为人存在过错为构成要件,只要行为人的行为损害了权利人的商誉,即负有停止侵害和消除影响的义务;对于损害赔偿责任,只有行为人存在过错时,权利人才可以请求侵权人赔偿损失。德国 2004 年修订的《反不正当竞争法》中的相关规定可以作为该理论的支持,该法第九条规定,故意或过失违反本法第三条规定者,对竞争者因此产生的损害负有赔偿义务。

对不同主体,判断其主观过错程度应采用不同的标准。鉴于安全服务提供商

---

① 趁震江、孙海龙:商誉及其侵权损害赔偿的理论和实践,载《现代法学》2000 年第 3 期。

② 北京市第一中级人民法院判决认定,《写作之星》软件系翰林汇公司自行开发、生产的软件。江民公司开发、生产的 KV3003.00Y 杀毒软件(简称 KV300 杀毒软件)具有查、杀黑客程序功能,用该软件在主机中检查翰林汇公司的《写作之星》增强版软件,会出现如下提示:"该程序可执行程序发现 PICTURE.NOTE 黑客程序,请删除。"并有 Y/N 的选择提示。当操作者执行删除(Y)指令后,在机内备份的翰林汇公司《写作之星》增强版软件程序不能正常运行,部分被删除,而事实上翰林汇公司的《写作之星》增强版软件并无 PICTURE.NOTE 黑客程序。翰林汇公司于 1999 年 2 月 4 日及 1999 年 3 月 11 日曾发传真给江民公司,告知江民公司的新版 KV300 杀毒软件对《写作之星》增强版软件发生误报,已引起客户投诉,影响了翰林汇公司《写作之星》增强版软件的销售,对翰林汇公司的整体形象和商业信誉产生了负面影响,造成了损失,希望江民公司给予书面答复及采取补救措施,并赔偿损失,但江民公司未作答复,也未公开消除影响。

江民公司杀毒软件的误报会使普通用户认为翰林汇公司的软件存在黑客程序,使用户对翰林汇公司产品的信誉产生怀疑,这必然会给翰林汇公司的商誉造成损害。但江民公司的 KV300 杀毒软件由于技术上的原因导致误报,这种误报在现有技术条件下属于不可避免,因此,在误报发生前,江民公司对该缺陷不承担赔偿责任。在误报发生后,翰林汇公司即通知江民公司,要求江民公司及时采取措施。此时,江民公司 KV300 杀毒软件的缺陷已属于可以发现的缺陷,在此情况下,江民公司作为该产品的生产者,负有及时消除影响以避免翰林汇公司商誉损失进一步扩大的积极作为之义务。然而,江民公司虽在此后销售的 KV300 杀毒软件中对缺陷进行了补正,但未采取行动对误报问题公开消除影响,致使江民公司产品缺陷对翰林汇公司商誉造成的损失继续存在和扩大。江民公司此时的行为侵犯了翰林汇公司的合法权益,对其产品缺陷给翰林汇公司造成的损失应承担侵权责任,消除影响,公开赔礼道歉并赔偿损失。

以及新闻媒体等专业机构，通常具有更强的技术能力以及信息收集和审核能力，且经其发布的信息可能为不特定的多数人获知，所以上述专业机构就可能贬损特定经营者的信息散布理应负有高于一般公众的注意义务，对其实施的贬损商誉行为通常可认为有故意或重大过失。对普通公众，当其以正当的方式传播具有合理可信来源的信息时，即使客观上损害了特定经营者的商誉，也可能被认为没有过错。[①]

b. 客观上实施了诋毁行为

诋毁行为是指侵权人捏造、散布虚伪事实损害权利人商誉的各种行为。

所谓捏造，是无中生有、捕风捉影、弄假成真、歪曲事实，即可以是全部捏造，也可以是部分捏造，如安全服务提供商随意散发某网络服务商侵害用户个人隐私的言论。

所谓散布，是扩散布告，从自己散布开去，是虚假的信息不断蔓延。散布的方式可以是书面的，也可以是口头的；散布的途径可以是网络，也可以是大众传媒，还可以是口耳相传，只要散布的内容能够到达任何一个第三人即可。

散布的内容可以是文字、图像、声音或者其组合，只要能够诋毁竞争对手的商誉即可。所捏造、散布的事实必须是虚伪的，如果事实是真实的，那么就谈不上捏造，散布真实的事实是言论自由，受法律保护。认定事实是否虚伪由行为人证明，只有行为人能够证明其真实性的事实才是真实的，虽然某种事实是真实的，但只要行为人无法证明其真实性，那么此种事实仍然是虚伪的。事实有特定的针对对象，或者说诋毁的对象是具体的、确定的。诋毁的对象包括经营者的商品、服务、活动、人际或商业关系、企业管理人员及其员工的声望、信誉等，凡是能够达到诋毁目的的事情或方面都包括在内。[②] 诋毁的方式众多，有的是指名道姓；有的是含沙射影、指桑骂槐；有的虽然没有直接针对特定的经营者，但是一般同业人与消费者可以推知是针对某经营者的，这种情况也应认定为有特定的针对对象。

c. 发生了他人商誉受到损害的结果

只要诋毁商誉行为在社会公众中引起了任何不利于网络服务提供商的后果，就可以认定侵害了他人商誉。具体认定标准既不能以行为人的主观意图为准，也不能以受害人的客观理解为准，而应当根据中立的相关交易者特别是消费者对该行为的判断为准。只要该行为在相当一部分相关交易者中引起了使他人商誉受到侵害的印象，即可认为该行为侵害了他人商誉。

侵害商誉权的结果往往具有不可逆性，即权利人的商誉受到损害后，必须在相当长的时间内并付出巨大的成本才能恢复，因此对权利人的救济可以提前至侵害事实发生时，而非损害结果出现后。对此，可以借鉴《中华人民共和国知识产权法》

① 易杨：关于商誉侵权行为构成中几个问题的辨析，载《法学杂志》2009年第10期。

② 德国《反不正当竞争法》第14条第一款规定："以竞争为目的，对他人的营利事业、企业或企业领导人，对他人的商品或者服务，声称或传播足以损害企业经营或业主信用的事实者，只要无法证实这些事实的真实性，则应向受害人赔偿发生的损害。受害人也可以请求停止传播这些事实。"

的“即发侵权”制度，[①]在侵权信息尚未在网络上大规模扩散之前，权利人可以请求监管机构封锁“侵权信息”，如果行为人提供证据证明其发布的信息属实，则监管机构应将已封锁的信息解禁。

除上述三个要件外，侵权人诋毁商誉的行为与权利人的损害应当存在因果关系，关于因果关系的认定方法，诋毁商誉并无特殊的要求，适用《侵权责任法》因果关系的认定方式即可。

（2）责任形式

侵害商誉权的民事责任有停止侵害、赔礼道歉和消除影响以及赔偿损失等。赔礼道歉往往要采取书面形式，在媒体或者互联网上做出更正和道歉声明。值得注意的是，虽然赔礼道歉与消除影响是两种独立的民事责任形式，但在司法实践中，判决主文里很少区别二者，往往作为一项责任内容适用。这主要是由于在知识产权与不正当竞争案件中，赔礼道歉与消除影响几乎都是要求侵权行为人在新闻媒体上履行义务，所以容易把二者合并在一起适用。[②]就损害赔偿的具体数额，我国《反不正当竞争法》并未就诋毁商誉行为赔偿数额的计算作出专门规定，在实际计算时，往往要适用《反不正当竞争法》第20条的原则性规定。

《反不正当竞争法》第20条规定：经营者违反本法规定，给被侵害的经营者造成侵害的，应当承担损害赔偿责任，被侵害的经营者的损失难以计算的，赔偿额为侵权人在侵权期间因侵权所获得的利润，并应当承担被侵害的经营者因调查该经营者侵害其合法权益的不正当竞争行为所支付的合理费用。2006年12月30日最高人民法院审判委员会第1412次会议通过的《最高人民法院关于审理不正当竞争民事案件应用法律若干问题的解释》第17条规定了其确定路径：可以参照确定侵犯注册商标专用权的损害赔偿额的方法进行。根据商标侵权赔偿数额的确定方法，“损失”可以根据权利人因侵权行为所造成减少的商品销售量或者侵权商品销售量与该注册商标商品的单位利润乘积来计算；“利润”可以根据侵权商品销售量与该商品单位利润乘积来计算；如果该商品单位利润无法查明的，按照注册商标商品的平均单位利润来计算。

商誉不同于经营者的注册商标专用权，被侵害的经营者要证明自己所受损害或者侵权人所获利润，其难度要比注册商标专用权人证明自己所受侵害更大。[③]

---

① “即发侵权”是指在知识产权领域，只要存在侵害事实，即使没有造成权利人的实际经济损失，也构成侵权。例如，发现库存的盗版书，应当立即封存或没收、销毁。即首先认定侵权行为已经构成，而并不首先追问侵权人是否存在主观过错和权利人的损失是否已经发生。因此，认定某些“即发而未发”的行为属于侵权，把侵害制止在“实际损害”发生之前，对知识产权权利人的保护至关重要。见郑成思著：知识产权论，法律出版社2003年版，第124-126页。

② 北京市第一中级人民法院知识产权庭：知识产权审判实务，法律出版社2000年版，第102页。

③ 常敏：腾讯与奇虎之争的法院判决引发的思考，载《法学杂志》2011年第12期。

360公司之所以敢为,很难说与违法成本过低没有关系。在商业诋毁的场景下,被侵害的经营者往往难以证明自己所受的损害,也不能证明为商业诋毁的经营者获得的利润。在诉讼过程中,腾讯公司难以明确其所主张的400万元赔偿的具体依据,法院只能依据360公司的主观过错程度、不正当竞争行为的影响范围和损害后果等因素,判决360公司赔偿腾讯公司损失40万元。[①] 商誉的损害(社会评价降低)很难与损失或者利润建立起对应关系,[②]因此商业诋毁的赔偿责任不宜参照注册商标专用权侵权的赔偿责任。为有效防范诋毁商誉行为的发生,反不正当竞争法应设立惩罚性赔偿制度,以提高商业诋毁的违法成本。

2.《反不正当竞争法》上的责任

在《反不正当竞争法》层面,所谓诋毁商誉行为,是指经营者捏造、散布虚伪事实,损害其竞争对手的商业信誉和商品声誉,从而达到排挤竞争对手、占领市场目的的行为。之所以将侵犯商誉权的行为规定为一种不正当竞争行为,在于这种侵权行为并不只是单纯的侵犯了商誉主体的利益,而同时也损害了公平、诚信的竞争秩序。商业诋毁虽然与侵犯他人商业秘密不同,即诋毁人并不能直接从诋毁行为中获取好处,而是通过商誉权人因商誉受损处于劣势的竞争地位,从而使自己获得竞争优势。但是商业诋毁所侵害的客体仍然是双重的:即商誉和竞争秩序。[③] 损害公平的竞争秩序是行为人承担行政责任的理论基础。在网络时代,诋毁商誉行为的实施更加便捷。而司法程序十分漫长,并且耗费巨大,不利于保护受侵害经营者的商誉权。再加上《反不正当竞争法》中欠缺行政责任导致违法行为人的违法成本过低,致使《反不正当竞争法》无法实现保障公平竞争秩序的立法目的,扣扣保镖就是利用了《反不正当竞争法》的这一漏洞。在损害赔偿责任不足以救济受害人的情况下,有必要修改《反不正当竞争法》中关于诋毁商誉的法律责任的规定,增加行政法律责任。

现实中真实发生的恶意诋毁竞争对手行为,其实很少由经营者公然以自己的名义实施,多数此类诋毁行为都以媒体曝光或消费者批评之类的隐蔽方式出现,网络水军的"猖狂"就是一个例证。所以,僵化地以同业竞争关系作为认定商誉侵权行为主体的构成要件,很可能令大量现实的违法行为逃避竞争法制裁,导致相关立法目的不能实现。因此与受害人不具有同业竞争关系的媒体、消费者(及其团体)或一般公众,应可以作为商誉侵权行为的实施主体,独立地或者(与共同实施诋毁行为的经营者)连带承担侵权责任。

---

① 常敏:腾讯与奇虎之争的法院判决引发的思考,载《法学杂志》2011年第12期。

② 常敏:腾讯与奇虎之争的法院判决引发的思考,载《法学杂志》2011年第12期。

③ 江帆:商誉与商誉侵权的竞争法规制,载《比较法研究》2005年第5期。

网络水军，是网络最近衍生出的一种新职业，受雇于网络公关公司，以在论坛、社交网络上大规模发帖或者评论来获取报酬。由于"网络水军"受雇网络公关公司，人为操纵内容，传播着大量主观的、未经认可的非事实信息，不明事实真相的网络用户将"网络水军"当成了事实知晓者，对"网络水军"发布的信息产生依赖，并产生一种强烈信任感，自愿加入到"网络水军"所支持的一方。"网络水军"带有偏激观点内容的千万篇重复发帖的出现，使得公众失去了辨别是非的能力，而将所有注意力都转移到"网络水军"设置的议题中，在网络快速的传播力度之下，"网络水军"将对公众舆论产生重大影响。

"网络水军"的出现无疑扰乱了互联网行业的自由竞争。"网络水军"从形式上是侵权工具，但因其有独立的意志和行为能力，其行为与"雇主"构成共同侵权行为。如果"雇主"实施的是诋毁其他企业商誉的行为，则"网络水军"与"雇主"共同承担诋毁商誉的不正当竞争责任。

3. 刑事责任

我国《刑法》第 221 条和 231 条规定了损害商业信誉、商品声誉罪，同时《全国人民代表大会常务委员会关于维护互联网安全的决定》将该罪具体化，规定利用互联网侵害他人商业信誉或商品声誉的，依照《刑法》第 221 条和 231 条的规定进行处罚。

(1) 损害商业信誉、商品声誉罪的犯罪构成

本罪的客观行为内容为，捏造并散布虚伪事实，损害他人的商业信誉、商品声誉。捏造，是指虚构、编造不符合真相或并不存在的事实；散布，是指使不特定人或者多数人知悉或可能知悉行为人所捏造的虚伪事实。本罪的实行行为是散布，而非捏造。本罪的主观构成要件为故意，即明知捏造并散布虚伪事实的行为，会损害他人的商业信誉、商品声誉，并且希望或者放任这种结果发生。成立本罪还要求给他人造成重大损失或者有其他严重情节。根据 2010 年 5 月 7 日最高人民检察院、公安部《关于公安机关管辖的刑事案件立案追诉标准的规定(二)》第 74 条的规定：捏造并散布虚伪事实，损害他人的商业信誉、商品声誉，涉嫌给他人造成直接经济损失数额在 50 万元以上的；或者虽未达到 50 万元损失，但是利用互联网或者其他媒体公开损害他人商业信誉、商品声誉的，或者造成公司、企业等单位停业、停产 6 个月以上，或者破产的；以及其他给他人造成重大损失或者有其他严重情节的，应予立案追诉。

(2) 刑事责任

在刑罚方面，我国《刑法》第 221 条与第 231 规定：犯本罪的，处 2 年以下有期徒刑或者拘役，并处或者单处罚金。单位犯本罪的，对单位判处罚金，并对其直接负责的主管人员和其他直接责任人员，依照上述规定处罚。我国台湾《公平交易

法》第37条规定:事业不得为竞争之目的,而陈述或散布足以损害他人营业信誉之不实情事,违反者处行为人1年以下有期徒刑、拘役或科或并科新台币50万元以下罚金。德国《反不正当竞争法》第15条第一款规定:“对他人的营利事业,企业或企业领导人,对他人的商品或者服务,恶意声称或传播足以损害营利事业之经营的不真实的事实,应科以被告1年之徒刑或并科罚金。”第二款规定:“第一款所述事实有职员或受托人声称或传播时,如果企业主对行为知情,除对职员或受托人处罚外,还可以处罚企业主。”[①]与我国台湾和德国的规定相比较,我国《刑法》规定的自由刑比较重,但有关罚金的规定,我国《刑法》没有规定具体的上限或下限,因此有必要参照我国台湾《公平交易法》的规定,确定上限或下限。

(3) 完善损害商业信誉、商品声誉罪的立法建议

依照最高人民检察院、公安部《关于公安机关管辖的刑事案件立案追诉标准的规定(二)》的规定,毁商誉行为的立案追诉标准并不是很高,但是在法律实践中,利用网络实施的诋毁商誉行为很少被刑事追诉,主要原因在于《刑法》第221条的罪状表述为“捏造并散布……”,若从字面理解并依罪《刑法》原则,构成本罪客观上要求捏造和散布行为同时具备,但实践中常常会出现行为人散布他人捏造的损害他人商誉的虚伪事实,这种“散布”行为的社会危害性不亚于捏造诋毁他人商誉的事实,法律不认为这种行为构成损害商业信誉罪,恐缺乏其合理性。因此,《刑法》第221条的罪状应表述为“捏造或散布……”。

2.2 虚假宣传

网络时代,同一种产品或服务往往会有多个经营者进行生产或提供。随着技术的进步以及网络“混业经营”时代的到来,不同经营者的产品之间的差异越来越不明显,“酒香不怕巷子深”的理念在现代市场竞争中已经逐渐被淘汰。网络虽然降低了信息不对称的程度,但在海量的信息面前,消费者要准确地找到适合自己的服务或商品,亦需要花费大量的时间成本,如何向潜在的消费者或用户更巧妙地宣传自己的产品或服务,进而在市场推广中获得一定竞争优势,成为经营者绞尽脑汁钻研的一个课题。但是,如果经营者在宣传自己提供的服务的过程中包含不实的信息或引人误解的信息,就可能构成欺诈,侵犯网络用户的合法权利。不仅如此,引人误解的不当宣传行为还是一种攫取不正当竞争优势,剥夺竞争对手的合理交易机会,并最终破坏市场秩序的行为。由于违法成本低廉,市场监管不到位,不当

① 邵建东著:德国反不正当竞争法研究,中国人民大学出版社2000年版,第285页。

宣传是在市场竞争特别是网络市场竞争中频频发生的行为。在安全软件行业中，时常会出现经营者出于扩大影响和吸引用户的目的，对其安全软件的功效（如计算机病毒查杀率）、资质（如获得某国际权威机构认证）做出夸大或虚假宣传的现象，这就需要法律进行有效的规制，以保护网络用户的权益，维持公平的市场竞争秩序。

2.2.1　现行法律规定不当宣传的形式

现行法律中引人误解的不当宣传和表示主要有三种方式：在商品上进行标明，虚假广告，以及其他方法。第一种方式在《反不正当竞争法》第五条第四项中已有明确规定，虚假广告有多部法律涉及，“其他方法”在《反不正当竞争法》中并未有明确规定，实有探讨的必要。

除了引人误解的商业广告、在商品上的虚假表示之外，“引人误解的虚假宣传”行为的“其他方法”包括哪些呢？这个问题在法律层面并没有得到明确规定，但是在一些地方的立法有具体的规定。例如，《北京市反不正当竞争条例》第十五条第二款规定：“本条所称的其他方法，是指下列行为：（一）雇佣他人进行欺骗性的销售诱导；（二）作引人误解的虚假的现场演示和说明；（三）张贴、散发、邮寄引人误解的虚假的产品说明书和其他宣传材料；（四）在经营场所内对商品作引人误解的虚假的文字标注、说明或者解释；（五）利用新闻媒介作引人误解的虚假的宣传报道。”这一规定基本上囊括了企业的其他宣传方法，而其他地方立法的内容也基本上大同小异。

2.2.2　现行虚假宣传立法遭遇的困境及出路

我国《反不正当竞争法》对所规制的不正当宣传行为的表述分别是“引人误解的虚假表示”（第 5 条）和“引人误解的虚假宣传”（第 9 条）。在文字上，“引人误解”和“虚假”是宣传的两个定语，似乎只有同时满足这两个要件，才构成《反不正当竞争法》所禁止的不正当宣传行为。如果这样理解，那么引人误解但基本真实的宣传，以及带有虚假成分却并不致人误解的宣传，都不在《反不正当竞争法》调整之列。

1. 引人误解的真实宣传也应纳入《反不正当竞争法》的规制范畴

事实上，引人误解但基本真实的宣传，往往也会产生误导消费者选择，扰乱市场竞争秩序的作用。片面对比某一指标的比较广告是这种行为的典型方式。另外，还有许多宣传信息是真假难辨或者难以检验的。例如，一些安全软件企业号称自己的产品是“最佳”“最好”，企图以此来吸引用户购买或使用。实际上，这些“最佳”“最好”的称誉缺乏完整合理的评判标准，属于难以检验真假的表述，但是确有可能使得经营者在市场竞争中获得某种竞争优势，甚至引起恶性竞争。

2. 法律可以容忍一定程度的"虚假"宣传

内容包含虚假信息的宣传也并不一定会危害市场竞争秩序。众所周知,广告是一门创意的艺术,为了展示产品的与众不同,广告往往需要借助夸张、想象等方法来突出所宣传产品的特点,最大限度地吸引消费者。因此,广告中的这些创意所表现出来的内容并不是完全"真实"的。例如,某安全软件的广告中,借用拟人的卡通形象来象征软件产品和病毒,软件任务手持武器将病毒人物全部消灭。但是,这些卡通形象在实际中并不存在,而安全软件企业也不能保证其产品的查杀率为100%,不出任何疏漏。严格来说,这一类广告是带有一定"虚假"成分的,虽然这只不过是一种广告的表现手法。即便有的广告含有不实内容并且引起了消费者的误解,但是此种误解并没有对消费者的产品选择产生实质性的影响或者影响极小,宣传者并未因此获取不当的竞争优势地位,这种广告也没有《反不正当竞争法》上的规制价值。所以,由于广告业的特殊行业习惯,以及"虚假"的标准难以在宣传过程中具体确定,对经营者宣传产品的真实性要求不应绝对化和格式化,而应该结合宣传对市场竞争的影响而具体确定。

3. 故意误导消费者的宣传应是认定虚假宣传的标准

通过以上分析可以看出,以"引人误解"和"虚假"作为损害竞争不当宣传的两项必要要件并不合理。如果严格按照上述字面含义执行《反不正当竞争法》第5条第四项、第九条,在一些特殊情况下有时会损害该法适用的实效性。为实现《反不正当竞争法》的立法目的,不正当竞争执法、司法时如出于必要,应当允许不拘泥于法条文字,而作出有利于实现立法目的的解释。[①]

2007年2月施行的《最高人民法院关于审理不正当竞争民事案件应用法律若干问题的解释》便秉承这种思路对不当宣传行为做了进一步的明确。该司法解释第8条第一款规定:"经营者具有下列行为之一,足以造成相关公众误解的,可以认定为《反不正当竞争法》第9条第一款规定的引人误解的虚假宣传行为:(一)对商品作片面的宣传或者对比的;(二)将科学上未定论的观点、现象等当作定论的事实用于商品宣传的;(三)以歧义性语言或者其他引人误解的方式进行商品宣传的。"其第二款规定:"以明显的夸张方式宣传商品,不足以造成相关公众误解的,不属于引人误解的虚假宣传行为。"

根据上述司法解释的规定,要构成《反不正当竞争法》第9条所规定的行为需要满足两个要件,不再要求宣传在表面上必须是虚假的,在对"虚假"做出超出文字含义的扩大解释的同时,更加注重"足以造成相关公众误解"这一要件的作用,把片面的宣传,无科学定论的宣传和有歧义的宣传都归入反竞争的不当宣传之列。据

---

① 孔祥俊:引人误解的虚假表示研究——兼论《反不正当竞争法》有关规定的完善,载《中国法学》1998年第3期。

此分析该司法解释的精神，在认定安全软件企业是否构成虚假宣传行为时，经营者的宣传是否会引起网络用户的误解，造成用户据此错误理解而做出使用选择，从而不当攫取交易机会，应当是一项最重要的标准。

2.2.3　令人误解的认定标准

《最高人民法院关于审理不正当竞争民事案件应用法律若干问题的解释》第 8 条第 3 款规定："人民法院应当根据日常生活经验、相关公众一般注意力、发生误解的事实和被宣传对象的实际情况等因素，对引人误解的虚假宣传行为进行认定。"由此可见，我国司法实践中法官判断是否构成反竞争的不当宣传的标准，是以一般社会经验为依据，重点关注目标消费者和用户的一般注意力，并与发生误解的事实和被宣传对象的实际情况结合起来考察的综合标准。但是，这一标准仍然有失简略，赋予了法官非常大的自由裁量权。

西方国家在长期的反不正当竞争执法过程中，对虚假宣传积累了大量的经验，并且根据各国的不同实践形成了各有特色的判断标准，如德国在实务中甚至有把"引人误解"的标准量化的做法，即导致 10%～20%的消费者有误解的可能时，就可以作出引人误解的认定。[①] 美国学者考曼（Callmann）认为，广告商品的表示是否引人误解的判断标准与是否近似或混淆的判断标准是相同的，即：①一般消费者施以普通注意原则；②整体观察及比较主要部分原则；③异时异地隔离观察原则。[②] 上述标准可供我国司法实践参考。此外，网络的技术特征加剧了网络用户与网络企业之间的信息不对称的程度，普通的网络用户无法有效识别网络企业宣传的真实性，迫切需要独立的第三方评测机构对安全软件企业的服务进行评测，从而保障网民能够获取客观的信息。

2.2.4　完善对互联网安全评测机构的管理

安全软件服务商在国内之所以敢大肆虚假宣传，主要归因于我国尚未建立网络安全服务的独立评测机构，这种既是运动员又是裁判员的双重角色，为安全软件进行虚假宣传、诋毁竞争对手声誉提供了便利条件。我国现行对安全软件的管理主要采取许可证制度，但许可证只是提供网络安全服务的资质证明，并不代表也不能说明安全软件企业提供服务的质量。由于国内没有独立的第三方评测机构，国

---

① 孔祥俊：引人误解的虚假表示研究——兼论《反不正当竞争法》有关规定的完善，载《中国法学》1998 年第 3 期。

② R. Callmann, The Law of Unfair Competition Trademark and monopolies Vol. 1 (4thed. 1987), § 5. 14. 转引自孔祥俊：引人误解的虚假表示研究——兼论《反不正当竞争法》有关规定的完善，载《中国法学》1998 年第 3 期。

内的安全软件企业利用普通网络用户的"无知",[①]故意歪曲评测结果,误导网民。对此,有必要借鉴国外软件评测的先进经验,[②]设立保持独立性、拥有核心技术和专业技术人员和研究团队的权威安全软件测评机构,可以动态及时地给予网络用户选择安全软件服务方面的指导,增强网络用户识别虚假信息的能力,同时科学地界定安全软件的"权力",将其"权限"限定在保障计算机网络系统安全的范围内,去除其对其他企业软件的安全性进行评价的功能,最大限度地降低网络用户因安全软件企业虚假宣传而遭受的巨大损失。

2.3 完善《反不正当竞争法》的建议

如前所述,制定于19世纪90年代的《反不正当竞争法》显然无法应对网络时代的新型不正当竞争行为,《反不正当竞争法》中应增加新型的不正当竞争行为,赋予因不正当竞争行为而受害的消费者以独立的请求权,并增加惩罚性赔偿制度,以应对网络时代新型不正当竞争行为层出不穷、损害后果严重的趋势。

2.3.1 设立专章规定网络不正当竞争行为

1. 现行立法和行业自律公约中网络不正当竞争规定评述

就我国现行立法和行业自律而言,国家工信部颁布的《规范互联网信息服务市场秩序若干规定》和中国互联网协会的《互联网终端软件服务行业自律公约》,都对网络不正当竞争行为有系统的规定。《规范互联网信息服务市场秩序若干规定》禁止网络企业破坏其他服务提供者产品或服务的完整性,禁止网络企业利用网络诋毁竞争对手的商誉或恶意对竞争对手的产品不兼容,并规定对互联网信息服务提供者的服务或者产品进行评测,应当客观、公正的原则。[③]

① 普通用户无法读懂非中文的评测结果。

② 国外的软件测评机制通常采用两级制度,首先是软件测评机构对安全软件进行测评,通过测评的安全软件就具有比较权威的公信力,然后对其他软件进行分析评估。在国外有以下几个比较权威性的软件测评机构:①奥地利的反病毒对比实验室(AV-Comparatives),其特点是所有测试项目均不接受任何赞助,参加测试门槛很高,测试过程十分严谨;②英国的 Virus Bulletin 评测机构,该机构的一个最大成就就是提出了VB100 认证。由于其为非商业性组织,不收取任何费用,不受任何非技术性因素的影响,所以该测试最严格,历史最悠久;③英国的西海岸实验室(West Coast Labs)其独创的核心技术一直处于世界顶尖水平,并且对测试的产品采用分级制度;④德国的 AV-Test 属于德国马德堡大学的研究计划,各项测试也是由大学里的技术与商业资讯系统学院的商业资讯系统团队在研究实验室进行,采用大病毒库的样本库进行自动测试,最大程度减少了人为因素对测试结果的干扰,以独一无二的高校模式和尖端技术能力闻名。见付健:我国软件用户隐私权若干法律问题研究——以腾讯与360争端事件为视角,载《法学杂志》2011年第12期。

③ 《规范互联网信息服务市场秩序若干规定》第5、6条。

《互联网终端软件服务行业自律公约》第 4 条确立了网络竞争的基本原则：遵守国家有关法律、法规和规章，遵守社会道德规范，遵守互联网行业规范，诚实守信，合法经营，公平竞争，维护互联网行业声誉和利益；公约第四章和第五章规定了具体的不正当竞争行为：禁止软件排斥和恶意拦截；对其他网络企业的产品或服务进行评测时要客观公正，不得以不正当竞争的目的对其他信息服务提供者的产品或服务进行评测；公约设专章（第六章）规定了安全软件的行为规则，网络企业开展网络安全服务除遵守公约第四章和第五章的规定外，特别规定网络企业不得利用安全服务的特殊功能实施不正当竞争行为，在开展系统优化服务时，应当尊重用户的自主选择，不得替用户做出默认选择。

《规范互联网信息服务市场秩序若干规定》和《互联网终端软件服务行业自律公约》基本涵盖了网络时代出现的新型不正当竞争行为，但可操作性较差：《规范互联网信息服务市场秩序若干规定》中对网络不正当竞争行为的处罚额度为 1 万元～3 万元，[①]上述处罚金额无法有效地对网络不正当竞争行为进行震慑，特别是缺乏民事责任的规定，导致受害的网络企业无法获得有效救济；《互联网终端软件服务行业自律公约》并无强制执行力，只能依靠网络企业自觉遵守。当然，《规范互联网信息服务市场秩序若干规定》和《互联网终端软件服务行业自律公约》中比较成熟的网络不正当竞争的规范，可以为反不正当竞争法修订所借鉴。

2.《反不正当竞争法》修法建议

如前所述，我国《反不正当竞争法》所列举的典型的不正当竞争行为不能涵盖网络时代出现的新型的不正当竞争行为，该法律漏洞致使法院在裁判网络新型不正当竞争时只能牵强地援引传统不正当竞争行为的相关法条。因此，网络时代《反不正当竞争法》有必要增列一些网络新型不正当竞争行为：①破坏其他软件或服务的正常功能，恶意干扰用户终端上其他互联网信息服务提供者的服务，或者恶意干扰与互联网信息服务相关的软件等产品的下载、安装、运行和升级，恶意修改或者欺骗、误导、强迫用户修改其他互联网信息服务提供者的服务或者产品参数；②恶意对其他互联网信息服务提供者的服务或者产品实施不兼容；③欺骗、误导或者强迫用户使用或者不使用其他互联网信息服务提供者的服务或者产品；④利用软件评测损害竞争对手的商誉或欺骗、误导、强迫用户对被评测方的服务或者产品做出处置。在目前“修法资源”紧张的前提下，立法资源必须对基层开放，充分吸收行业公约等一线资源，更多地使用案例指导制度来弥补法条的滞后与不足，以有效保护网络企业的合法权益，维护公平的网络竞争秩序。

① 《规范互联网信息服务市场秩序若干规定》第 16、17 条。

2.3.2 赋予网络用户独立的损害赔偿请求权

传统的不正当竞争行为,经营者以不正当手段牟取竞争优势或破坏他人竞争优势的行为,在牟取或者破坏竞争优势的过程中既可能损害竞争对手,又可能直接损害消费者并通过侵害消费者而间接损害竞争对手以外的经营者的行为。[①] 而扣扣保镖的不正当竞争行为,在损害作为经营者的腾讯公司合法权益的同时,也侵害了不特定的多数网络用户的合法权益,如替用户清除广告信息,实际上侵犯了用户的自主选择权。[②] 因此,应修订《反不正当竞争法》,赋予受害的网络用户独立的损害赔偿请求权。

2.3.3 确立惩罚性赔偿制度

1. 惩罚性赔偿的历史及其发展

惩罚性损害赔偿是损害赔偿的一种,与补偿性损害赔偿相对,是指当被告以恶意、故意、欺诈或放任之方式实施加害行为而致原告受损时,原告可以获得除实际损害赔偿金之外的损害赔偿。[③] 通说认为,英美法中的惩罚性赔偿最初起源于1763年英国法官 Lord Camden 在 Huckle v. Money 一案中的判决。在美国则是在1784年的 Genay v. Norris 一案中最早确认了这一制度。[④] 美国是当今世界惩罚性赔偿制度最为完善、影响最为深远的国家。早期的惩罚性赔偿判例主要集中于存在恶意的侮辱行为。继受英国的惩罚性赔偿制度后,该制度在美国得到充分发展,至19世纪中叶,惩罚性赔偿制度成为美国《侵权法》的重要组成部分。进入20世纪,惩罚性赔偿制度在美国的适用范围不断扩大,被应用于《侵权法》、《合同法》、《财产法》、《劳工法》以及《家庭法》,同时赔偿金的数额也直线上升。[⑤]

2.《反不正当竞争法》引入惩罚性赔偿的必要性

我国现行《消费者权益保护法》第49条规定了消费者因受欺诈可以要求赔偿两倍价款的惩罚性赔偿制度,现行惩罚性赔偿制度只适用于合同领域,而对不存在合同关系的侵权行为以及不正当竞争行为,惩罚性赔偿并不适用。网络时代不正当竞争行为具有愈演愈烈之势,一个重要的因素是现行补偿性损害赔偿制度不足以遏制行为人的违法行为。惩罚性赔偿不仅具有弥补受害人损失的作用,更重要的是其遏制不法损害发生的重要功能。在网络时代,各种新型侵权类型以及不正

---

① 孔祥俊著:反不正当竞争法新论,人民法院出版社2001年版,第173页。

② 安全软件只有删除恶意软件的“权力”,对于网络广告,其不能直接屏蔽。

③ 张新宝、李倩:惩罚性赔偿的立法选择,载《清华法学》2009年第4期。

④ 王利明:惩罚性赔偿研究,载《中国社会科学》2000年第4期。

⑤ 张新宝、李倩:惩罚性赔偿的立法选择,载《清华法学》2009年第4期。

当竞争行为层出不穷，与此相应，惩罚性赔偿的适用范围应扩及一些存在恶意的侵权行为和不正当竞争行为。

（1）弥补受害人的损失

无论是网上诋毁商誉，还是虚假宣传，抑或是破坏其他软件或服务的完整性，网上不正当竞争行为造成的损失往往难以计算，惩罚性赔偿的首要目的是弥补受害人因不正当竞争行为导致的损失。以网上诋毁商誉为例，商誉侵权损失不限于权利人流失的客户，也包括其他机会损失，因为网络服务商绝非仅仅对用户提供服务，也包括与上游基础运营商、投资人以及其他为提供网络服务所必需的交易。商誉的实质是由经营者的名誉产生、以优势交易机会和条件为内容的无形财产。由此，确定商誉侵权"损失"或者"利润"的范围应该透过交易去把握、分析，商誉侵权损失实质是受害人经由交易机会减少和不利交易条件引起的损失。①

在互联网时代，伴随着诋毁商誉行为的方式越来越多样化，其损害结果更加隐蔽，受害人由于侵权所受损失和侵害人因侵权所得利润更加难以准确估量。由于难以对所受全部损失进行详尽的举证，受害人时常会出现"赢了官司输了钱"的情况。在以免费为主流趋势的网络服务中，网络服务商的经营成本可以计算，但网络服务商提供服务的利润则难以准确计算，在此基础上确定的赔偿数额无法弥补受害人的损失，也不能有效地威慑侵权人。对此，《反不正当竞争法》有必要引入惩罚性赔偿制度。

（2）遏制不法行为

对受害人的保护可以从事前预防和事后补救两方面进行，而相比之下，前者无疑是更优的选择。遏制不法行为是事前预防的有效手段，惩罚性赔偿注重惩罚，同时通过惩罚以达到遏制不法行为的作用。遏制可以分为一般遏制和特别遏制。一般遏制是指通过惩罚性赔偿对加害人以及社会一般人产生遏制作用，特别遏制是指对加害人本身的威吓作用。② 如前所述，网上不正当竞争行为给受害人所造成的损失是难以证明的，或者即使能够证明也并不是太多，但被告从其不法行为中所获得的利益（包括物质利益和其他如扩大影响、增加用户数量等其他利益）是巨大的，受害人担心无法获得足够数额的赔偿甚至是败诉而不愿意提起诉讼。在此情况下，通过惩罚性赔偿也可以鼓励受害人为获得赔偿金而提起诉讼，在对违法行为人课以惩罚性赔偿以防止其再犯的同时，也可以警示他人，防范他人实施同样或类似的不正当竞争行为。补偿为满足受害人利益的最低目的，遏制为维护社会整体利益的最高目的，两者共存，相得益彰。故此，《反不正当竞争法》有必要确立惩罚性赔偿制度。

---

① 苟正金、王明成：经营者商誉侵权中的损失或者所得利润之范围，载《社会科学家》2011 年第 10 期。

② 惩罚性赔偿的目的在于惩罚过去的过错并"以此作为一个样板遏制未来的过错"，因此"惩罚性"这个词有时也用"示范性（exemplary）"一词来代替，这就概括了惩罚性赔偿的两项功能，即制裁和遏制。

3. 惩罚赔偿的适用条件和赔偿数额

(1) 适用条件

在适用惩罚性赔偿时，当事人的主观状态无论对惩罚性赔偿的成立还是对最终赔偿数额的确定都是非常关键的因素。[①] 对恶意损害他人权利的不正当竞争行为应当适用惩罚性赔偿制度。恶意，首先是指其具有故意，同时行为人在动机上是恶劣的。所谓动机恶劣表明被告的动机和目的在道德上具有应受谴责性，在具有恶意的情况下，被告应承担惩罚性赔偿。[②] 就恶意损害而言，是指行为人清楚地预见到其行为会给他人造成损害结果，但是出于不正当的动机和目的仍积极地实施侵权行为。行为人具有恶意表明其行为性质较一般侵权行为严重，对此应承担惩罚性的损害赔偿责任。

(2) 赔偿数额

赔偿数额的大小是惩罚性赔偿制度中引起争议最多的方面。批评者往往会以赔偿数额过大为由建议减少甚至禁止这种赔偿，美国一些州的法律也对惩罚性赔偿的最高数额作了限制(如弗吉尼亚州)，或者对惩罚性赔偿与补偿性赔偿之间的最大比例作了限制。[③] 美国联邦最高法院提出了判定惩罚性赔偿数额是否过大的三项标准：①被告所实施行为的应受责难程度；②惩罚性赔偿额与原告遭受的损害或潜在损害之间的比例；③对比惩罚性赔偿额与类似的侵权行为所受到的民事或刑事处罚之间的差异。[④]

惩罚性赔偿的本质特征决定了该类赔偿数额的不确定性，因而不宜用一个固定的标准或数额来限定，而可以考虑赋予法院一定的自由裁量权。惩罚性赔偿适用的目的是为了惩罚严重过错的行为，而主要不是为了补偿受害人的损失，因此，惩罚性赔偿的数额与补偿性赔偿数额之间不必保持比例关系，美国的多数判例认可此种观点。[⑤] 因此，在确定具体赔偿数额时可以参考如下因素：①被告对行为后果的认识和预见程度；②该行为对原告和网络用户造成的影响；③被告的收益，不仅包括获得的物质利益，还包括诸如网络用户数量等其他利益；④被告因为其行为已经或将要支付的任何罚款、罚金等；⑤该赔偿数额能否有效地起到威慑作用；⑥被告的经济状况。

---

① 朱凯：惩罚性赔偿制度在侵权法中的基础及其适用，载《中国法学》2003 年第 3 期。

② 王利明：美国惩罚性赔偿制度研究，载《比较法研究》2003 年第 5 期。

③ 朱凯：惩罚性赔偿制度在侵权法中的基础及其适用，载《中国法学》2003 年第 3 期。

④ BMW of North Amevica Inc. V. Gore. 转引自朱凯：惩罚性赔偿制度在侵权法中的基础及其适用，载《中国法学》2003 年第 3 期。

⑤ 王利明：惩罚性赔偿研究，载《中国社会科学》2000 年第 4 期。

第3章　安全服务中的用户权益保护

3.1　网络侵权与安全服务中的侵权

（1）网络侵权

随着网络信息技术的高速发展和网络终端设备的普及，人类逐渐进入网络时代。互联网深刻变革着人类社会的生产生活方式：基于互联网衍生出了繁荣的互联网经济，国外如微软、谷歌、Amazon、Facebook 等，国内如阿里巴巴、腾讯、百度、奇虎等，都是互联网企业的典型代表；同时，互联网的自由、开放、交互等特点让人们信息传播和交流变得更加快捷和方便，突破了地域以及国家的限制。然而，有经济利益就会有纠纷，自由没有边界也会带来问题。企业间因不正当竞争而损害另一方权益的事件时有发生；互联网给人类生活带来便利的同时也使网络滥用行为(Internet abuse)变得严重，网络暴力、人肉搜索、个人信息泄露等问题日益猖狂，利用互联网侵害他人民事权益（以下称网络侵权）的现象越来越普遍。

我国《侵权责任法》第 6 条第一款规定："行为人因过错侵害他人民事权益，应当承当侵权责任。"第 7 条规定："行为人损害他人民事权益，不论行为人有无过错，法律规定应当承担侵权责任的，依照其规定。"这表明，在我国侵权行为主要表现为两种形态：一是因过错侵害他人的民事权益并造成损害的行为；[①]二是在法律规定的一些特殊情况下，没有过错损害他人的民事权益，也应当承担侵权责任的行为。那么，网络侵权应适用过错责任还是无过错责任呢？在此之前，有必要对网络侵权的地位进行了解。

关于网络侵权是否属于一种独立的侵权类型，学界尚存争议。有学者指出，网络侵权只不过是传统侵权行为通过互联网来实施，并没有特殊性，其与传统的侵权行为只是在侵权地点和空间上存在区别；[②]但也有学者提出，网络侵权是发生在网

---

① 《侵权责任法》第 2 条第二款对"民事权益"做了界定："本法所称民事权益，包括生命权、健康权、姓名权、名誉权、荣誉权、肖像权、隐私权、婚姻自主权、监护权、所有权、用益物权、担保物权、著作权、专利权、商标专用权、发现权、股权、继承权等人身、财产权益。"

② 参见张新宝：侵权责任法原理，第 255 页。

络上的侵权,其本身具有独立性,可以成为一种独立的侵权类型。[①] “网络侵权可以定义为在互联网环境中,利用网络因过错或法律的特别规定而侵犯国家、集体或他人民事权益而应承担相应的民事责任的行为。”[②]这些学者认为,网络侵权与传统侵权相比,在侵权实施环境、主体、行为方式、侵害对象以及损害后果方面均存在着特殊性。

• 实施环境方面,传统侵权行为发生在现实环境中,而网络侵权通常发生在虚拟网络环境下。《侵权责任法》第36条关于网络侵权的三款内容也强调了“利用网络”这一特征。互联网的开放性和隐蔽性特征,让互联网上的侵权行为更加隐蔽,同时也给侵权案件的管辖、法律适用等带来了挑战。

• 侵权主体上,一方面侵权责任的承担主体具有多元性。根据我国《侵权责任法》的规定,侵权责任的承担主体既包括网络用户,也包括网络服务提供商,而网络服务提供商要承担侵权责任的情形不再局限于其本身从事的加害行为。即使是网络用户从事的加害行为,如果网络服务提供商在被侵权人对其进行通知,或者网络服务提供商知道侵权发生的前提下,仍未或未能及时采取删除、屏蔽、断开连接等必要措施的,则要同侵权人承担连带责任。[③] 另一方面,网络环境下侵权主体的真实身份较难查明。“在互联网上没人知道你是条狗”[④],每个人都可以在互联网上通过匿名方式发布信息。虽然通过技术手段分析可以查出虚拟身份背后的真实身份,但其经济成本较高。而司法机关一般不介入民事取证的程序,“谁主张谁举证”原则无疑把这种举证成本交给了被侵权者,增加了受害者的负担。[⑤] 这也是网络侵权区别于传统侵权情形的一个重要特征。

• 行为方式方面,更具隐蔽性、简易性和复杂性。传统侵权行为往往是可见和可感的,而在虚拟的网络空间中,侵权人能够运用互联网技术隐藏自己的侵权行

---

① 参见王利明:网络侵权与《侵权责任法》的制定,资料来源:http://china.findlaw.cn/info/qinquanzerenfa/tsqqzr/wlqqzr/20100826/130690.html,2012年4月10日访问。

② 屈茂辉、凌立志:网络侵权行为法,湖南大学出版社2002年版,第4页。

③ 在未能及时采取必要措施的情况下,网络服务提供商对损害的扩大部分承担连带责任。

④ 该常用语来自1993年7月5日刊登在《纽约客》上一则由彼得·施泰纳创作的漫画,后逐渐成为描述网络隐私、网络社会的评论。(见:在互联网上,没人知道你是条狗,资料来源:http://zh.wikipedia.org/wiki/%E5%9C%A8%E4%BA%92%E8%81%94%E7%BD%91%E4%B8%8A%EF%BC%8C%E6%B2%A1%E4%BA%BA%E7%9F%A5%E9%81%93%E4%BD%A0%E6%98%AF%E4%B8%80%E6%9D%A1%E7%8B%97,2012年4月10日访问)

⑤ 目前国内地方法院在这个问题上有所突破,如江西省高级人民法院于2011年出台了《关于网络侵权纠纷案件适用法律若干问题的指导意见(试行)》,该指导意见里明确指出,被侵权人在提起民事诉讼时不能提供被告真实身份的,人民法院应根据案件实际,告知其可以电子证据中标记的IP地址或者网络名称作为被告,原告可以申请人民法院调查被告身份的相关信息。这无疑减轻了原告的诉讼负担,值得推广。(参见:大陆江西高级人民法院《关于网络侵权纠纷案件适用法律若干问题的指导意见(试行)》(2011年),资料来源:http://www.china-lawyer.tw/explain/2628.htm,2012年4月10日访问)

为，被侵权者往往是在侵权结果产生并扩大的情况下才得知。同时，数字化使电子证据的证明力颇受质疑。互联网上的信息都是由 0 和 1 所代表的物理状态组成的离散信号，不存在连续性，对其所作的修改和删除难以发现和鉴别，具有不稳定性和易变性，因此在侵权行为的认定上也存在难题。[①] 并且，借助互联网从事侵权行为几乎不需付出任何成本。

• 侵害对象上，主要为非物质性权益。这些非物质形态的民事权益具体包括：名誉、肖像、隐私等人格权；知识产权，尤其是著作权；其他财产权，包括虚拟财产、信息财产等。[②] 而在现实环境中，侵权的对象种类显然要更广泛。此外，网络空间中还产生了一些新的权益客体，如对用户的使用习惯和踪迹信息进行捕获，从而对其进行定向的垃圾邮件投放并获取经济利益，这就属于对个人信息权利的侵犯。

• 损害后果方面，范围广、速度快。网络在全球范围的覆盖，突破了现实生活中的地理限制，模糊了领土和国家的界限；网络的交互性和实时性使信息的传播更加方便快捷。也正如此，一旦网络侵权损害后果产生，就可能在世界范围内迅速蔓延，这尤其体现在著作权侵权上。在传统的盗版侵权中，首先要进行盗版印刷或刻录，然后通过各种渠道销售，最后到达消费者手中。这种情况下侵权行为从开始到结果发生有一定的时间间隔，且由于盗版规模和地区的限制，损害后果范围也是有限的。而在网络环境下则不然，盗版行为在互联网中变成了简单的复制、下载，侵权行为与侵害后果几乎同时产生，且侵权行为近乎"零"成本以及网络无界性使损害后果范围往往是极其广泛的。网络中隐私侵权亦是如此。在纸质媒体情况下，人们只是被动地接受信息，尽管可以选择接受何种信息，但却无法利用媒体自由传播；而网络环境下人人既是作者，也是传播者和接受者。这就使得每个人的隐私更容易遭受侵害。[③]

诚然，笔者赞同以上观点，网络侵权与传统侵权的差异并不仅体现在地点和空间上的不同。但无论网络侵权是否属于独立的侵权类型，上述两种学说均未否认，对于网络侵权的认定，应适用过错责任原则，无过错责任原则只能作为一种例外。事实上，我国《侵权责任法》也是如此规定的，该法第 36 条[④]对网络侵权做了规定。

---

① 曹诗权：论网络侵权，载《云南大学学报》（法学版）2003 年第 1 期。

② 参见王利明：侵权责任法研究（下），中国人民大学出版社 2011 年版，第 119 页。

③ 参见王利明：隐私权的新发展，载《人大法学评论》2009 年第 1 期。

④ 第 36 条规定："网络用户、网络服务提供者利用网络侵害他人民事权益的，应当承担侵权责任。网络用户利用网络服务实施侵权行为的，被侵权人有权通知网络服务提供者采取删除、屏蔽、断开链接等必要措施。网络服务提供者接到通知后未及时采取必要措施的，对损害的扩大部分与该网络用户承担连带责任。网络服务提供者知道网络用户利用其网络服务侵害他人民事权益，未采取必要措施的，与该网络用户承担连带责任。"

该条仅对责任主体的特殊性进行了明确，并没有对网络侵权单设章节。因为我国《侵权责任法》通过设章节所列举的侵权类型，一般都是使用过错责任之外的特殊归责原则的侵权类型。由此可见，《侵权责任法》虽将网络侵权作为一种特殊类型的侵权责任加以规定，[①]但在侵权认定上仍采用过错责任的构成要件。

(2) 安全服务中的侵权

安全服务是随着计算机和互联网的普及而逐渐发展起来的，安全服务中的侵权主要通过互联网形式实施，属于网络侵权的一种。互联网的开放性、隐蔽性和自由性，加上我国相关立法、行业规则的滞后性，让某些企业在利益驱动下，利用网络从事了侵犯用户权益的行为。安全服务提供商由于提供的软件或服务具有特殊性（如杀毒引擎能对内存中的数据进行抓取和判断，实时监控终端上的程序内容），如果没有相关的法律法规、国家标准等的约束，用户权益将面临更严重的威胁。

但同时，安全服务中的侵权同网络侵权又有所不同。无论是我国《侵权责任法》的规定，还是学者所讨论的网络侵权，其中均涉及一个关键的角色——网络服务提供商。在网络服务概念不断扩大的当下，软件与服务间的界限变得越发模糊。那么安全服务提供商是否属于网络服务提供商呢？广义的网络服务提供商分为网络接入服务提供商和网络内容服务提供商两种。网络接入服务提供商主要指为用户提供互联网接入服务的经营者，是网络用户最终进入互联网的入口和桥梁。[②]而网络内容服务提供商是指为网络用户提供互联网信息业务和增值业务的经营者，其提供的服务包括社交网站、搜索引擎、电子邮箱、新闻网站等。[③] 安全软件是指任何用于保护计算机、移动终端和网络安全的计算机程序和指令集和，安全服务提供商则指提供该种安全防护治理、系统优化功能的软件或服务的经营者。它既不提供网络接入服务，也不提供其他互联网信息业务或增值业务，因此，传统意义上来说安全服务提供商并不属于网络服务提供商。[④] 网络用户的行为是基于网络服务提供商提供的网络服务而存在，网络服务提供商因对用户的侵权行为和结果具有一定的可控性，因此在我国《侵权责任法》中，网络服务提供商在侵权责任分配上可能会承担相应的连带责任。而安全服务提供商同用户之间一般没有这种关系。软件用户只是以付费或免费的形式单纯地使用安全软件或服务，它不是一个信息发布平台，故几乎不存在用户与用户之间的侵权行为，有的只是安全服务提供商同软件用户之间的侵权。因此，安全服务中的侵权与网络侵权在侵权主体上有

---

① 参见王利明：侵权责任法研究（下），中国人民大学出版社 2011 年版，第 117 页。

② 最初的网络服务提供商仅指网络接入服务提供商，但随着互联网业务的不断细化和增多，凡是向网络用户提供网络服务的经营者，均可表示为“网络服务提供商”。

③ “因特网服务提供商”，资料来源：http://baike.soso.com/v35163.htm，2012 年。

④ 但安全服务提供商也有可能成为网络服务提供商，如各大厂商都有官方的网站，都有供用户进行交流的论坛等。但笔者在此处讨论主要指向单纯的提供安全软件服务。

所区别,《侵权责任法》第 36 条第二、三款所述“网络侵权”情形并不存在于安全服务中。这种区别也使安全服务中的侵权在主体认定上较一般网络侵权更加简单。在归责原则上,安全服务中的侵权也主要适用过错责任原则,但产品责任作为例外。

3.2　安全服务中的法律关系

3.2.1　用户享有的合同权利

安全服务既包括安全服务提供商提供的安全软件,也包括在线查杀服务、人工安全服务等。各种不同的服务类型下主要包含两种不同的法律关系:软件许可使用合同关系和安全服务合同关系。软件许可使用合同关系主要是指用户与提供安全软件(或嵌入安全保护模块的其他类型软件)的厂商之间的关系,而安全服务合同关系则多存在在人工安全服务和在线查杀服务这两种场景中。我们在此主要分析单纯安全软件服务中用户与厂商之间的法律关系。

安全服务提供商作为安全软件的所有者,对安全软件享有著作权。根据我国《计算机软件保护条例》第 18 条规定:“许可他人行使软件著作权的,应当订立许可使用合同。许可使用合同中软件著作权人未明确许可的权利,被许可人不得行使。”可见,安全服务提供商可以将安全软件产品以许可使用的方式授权给用户使用,而非将软件的著作权进行转移。事实上,在安全软件安装过程中,用户与厂商间也以“点击式”格式合同的方式达成了软件许可使用合同。[①] 那么根据《计算机软件保护条例》第 16 条规定:“软件的合法复制品所有人享有下列权利:(一)根据使用的需要把该软件装入计算机等具有信息处理能力的装置内;(二)为了防止复制品损坏而制作备份复制品。这些备份复制品不得通过任何方式提供给他人使用,并在所有人丧失该合法复制品的所有权时,负责将备份复制品销毁;(三)为了把该软件用于实际的计算机应用环境或者改进其功能、性能而进行必要的修改;但

① 但并非所有的格式合同或格式条款都具备法律效力。格式合同的订立应当遵循公平原则,如果存在以下几种情况,那么可以认为该种格式合同是无效的,也就是说用户与厂商间的软件许可使用法律关系不成立:①一方以欺诈、胁迫的手段或者乘人之危,使对方在违背真实意思的情况下订立的;②恶意串通,损害国家、集体或者第三人利益的;③以合法形式掩盖非法目的;④损害社会公共利益的;⑤违反法律、行政法规的强制性规定的;⑥提供格式合同一方免除其责任、加重对方责任、排除对方主要权利的。在 3Q 大战中,无论多么“艰难的决定”,都含有胁迫的成分,且明显的违反了公平原则。(参见高立超:互联网消费者权益保护研究——以深圳腾讯公司与北京奇虎公司纠纷为例,重庆大学 2011 年硕士学位论文)因而这份单方面的“决定书”不具备法律效力。

是，除合同另有约定外，未经该软件著作权人许可，不得向任何第三方提供修改后的软件。”用户以付费或免费的形式通过安全软件厂商认可的渠道获得软件的复制品，可以认定其为合法复制品。于是，拥有合法软件复制品的用户可以享有安装权、备份复制权和修改权，并履行相关义务。①

一般情况下，用户所享有的上述权利是基于合同获得，具有相对性，不是本节要讨论的重点。本节的内容集中在于用户作为消费者所享有的权利和隐私权上。

3.2.2 用户享有的消费者权利

(1) 安全软件或服务用户属于消费者

在享有上述权利的同时，用户还享有《消费者权益保护法》保护的诸多权利。但首先，需解决用户是否属于消费者这个问题。我国《消费者权益保护法》没有对“消费者”进行明确定义，但其第2条规定：“消费者为生活需要购买、使用商品或者接受服务，其权益受法律保护；本法未作规定的，受其他法律、法规保护。”可以说，该条对《消费者权益保护法》的调整范围进行了简单的限定。于是，有学者提出，该法所保护的消费者是指为满足生活消费需要购买、使用商品或接受服务的人，而很

---

① 各大安全服务提供商在其软件许可使用协议中均对用户的相关权利和义务进行了规定。如《金山软件最终用户许可协议》中规定：“一. 金山软件将本“软件”在中华人民共和国(“中国”)大陆地区(除香港特别行政区、澳门特别行政区、台湾地区外的中国境内)的非专有的使用权授予您。您可以：1. 在一台计算机上安装、使用、显示、运行(“运行”)本“软件”的一份副本。2. 为了防止副本损坏而制作备份复制品。这些备份复制品不得通过任何方式提供给他人使用，并在您丧失该合法副本的所有权时，负责将备份复制品销毁。3. 为了把本“软件”用于实际的计算机应用环境或者改进其功能、性能而进行必要的修改；但是，除本《协议》另有约定外，未经金山软件许可，不得向任何第三方提供修改后的软件。二. 您保证：1. 不在本《协议》规定的条款之外，使用、复制、修改或转让本“软件”或其中的任一部分。2. 只在一台计算机上使用本“软件”；一份软件许可不得在不同的计算机上共同或同时使用。3. 只在以下前提完全满足的情况下，将本“软件”用于多用户环境或网络系统上：本“软件”明文许可用于多用户环境或网络系统上；使用本“软件”的每一节点及终端都已购买使用许可。4. 不得对本“软件”进行反向工程、反向编译或反汇编；不得试图进行任何获得本“软件”原代码的访问或行为。5. 不得发行、出租、信息网络传播、翻译本“软件”。6. 在本“软件”的所有副本上包含所有的版权标识。”(资料来源：http://www.duba.net/protocol/userLicense.shtml，2012年4月15日访问)又如《360安全卫士安装许可协议》中规定：“2. 许可范围 2.1 下载、安装和使用：本软件为免费软件，用户可以非商业性、无限制数量地下载、安装及使用本软件。2.2 复制、分发和传播：用户可以非商业性、无限制数量的复制、分发和传播本软件产品。但必须保证每一份复制、分发和传播都是完整和真实的，包括所有有关本软件产品的软件、电子文档，版权和商标，亦包括本协议。3. 权利限制 3.1 禁止反向工程、反向编译和反向汇编：用户不得对本软件产品进行反向工程(ReverseEngineer)、反向编译(Decompile)或反向汇编(Disassemble)，同时不得改动编译在程序文件内部的任何资源。除法律、法规明文规定允许上述活动外，用户必须遵守此协议限制。3.2 组件分割：本软件产品是作为一个单一产品而被授予许可使用，用户不得将各个部分分开用于任何目的。3.3 个别授权：如需进行商业性的销售、复制、分发，包括但不限于软件销售、预装、捆绑等，必须获得奇虎360的书面授权和许可。3.4 保留权利：本协议未明示授权的其他一切权利仍归奇虎360所有，用户使用其他权利时必须获得奇虎360的书面同意。”(资料来源：http://www.360.cn/xukexieyi.html，2012年4月15日)

多网民使用软件是为了工作和生产经营需要，所以根据该条规定在司法实践中就不能认定软件用户为消费者。[①] 我们认为，这系对法条的误读。“生活需求”显然不能单纯地理解为“衣食住行”需求，现代社会工作需求也可以纳入生活需求中；且在互联网普及率如此之高的当下，很难说网民使用软件是为工作或生产经营。软件用户不构成消费者的另一个挑战来源于：有不少学者认为支付对价是判断消费者和非消费者的一个重要标准，如果个人或家庭有偿取得的商品或接受的服务是用于消费，那么该个人或家庭就是消费者；如果没有支付一定的对价则不是消费者。[②] 在个人安全软件和服务免费化的潮流下，用户使用安全软件产品或接受安全服务在大多数情况下是不需要支付费用的。如果按照这种观点，用户则不能视为消费者。而王利明教授认为，消费者是指非以盈利为目的的购买商品或者接受服务的人，但消费者使用和接受某种商品或接受服务时，可能并没有也不需要支付一定的对价，但这并不否定使用商品或接受一定服务的人是消费者。[③] 对于赠品或免费服务，经营者不能免除合同上的责任，同样在《消费者权益保护法》领域，经营者仍然应当承担《消费者权益保护法》规定的诸项法定义务，[④]而免费接受这些商品或服务的个人，作为消费者所享有的权益仍然应当受到保护。[⑤] 我们对此观点表示赞同。可见，用《消费者权益保护法》第2条——调整范围的规定来界定消费者是不合适的，[⑥]消费者并不是以“购买”为必要条件，只要“使用商品或者接受服务”，不管支付对价与否，同样受该法保护，属于消费者范畴。

而从另一个角度来看，很难说用户在使用安全软件产品或服务时没有支付对价。免费安全软件产品并不同于一般免费产品：一般免费的产品具有一次性的性质，厂商或经营者可以获得暂时的广告效益或其他利益，但不会再持续的获得；而免费安全软件产品(或者说是大部分的软件产品)则不同，厂商可以通过用户使用其软件而获得收益，并且这种收益和利益可能是持续的。例如，通过点击量和广告来获得收益，通过用户反馈的信息来探索新的盈利模式等。图3-1是比较直观的

---

① 参见郝江南：从QQ和360之争看消费者维权困境，载《法学之窗》2011年第3期。

② 参见李凌燕：消费信用法律研究，法律出版社2000年版，第7页。

③ 参见王利明：消费者的概念及消费者权益保护法的调整范围，载《政治与法律》2002年第2期。

④ 许建宇：完善消费者立法若干基本问题研究，载《浙江学刊》2001年第1期。

⑤ 王利明：消费者的概念及消费者权益保护法的调整范围，载《政治与法律》2002年第2期。

⑥ 通过该条来界定消费者概念的弊端也是日益凸显的，存在诸多缺陷。对消费者、消费行为应做扩大解释。(详参见白婕：浅析消费者概念的法律完善，载《天津职业院校联合院报》2011年第9期)

佐证[①]，图 3-1 表明用户可以在网上免费下载产品，但需要通过付费来去除广告，这间接证明了软件厂商可以通过广告来盈利。另一层面来说，在“广告主——网络公司——用户”典型应用之间，广告主向网络公司支付费用，网络公司向用户提供免费服务，并将用户信息的无数排列组合回馈给广告主——这一模式几乎成为现代互联网的精髓，拓展至无数领域，包括搜索引擎、输入法服务、视频服务、免费杀毒软件领域等。[②]

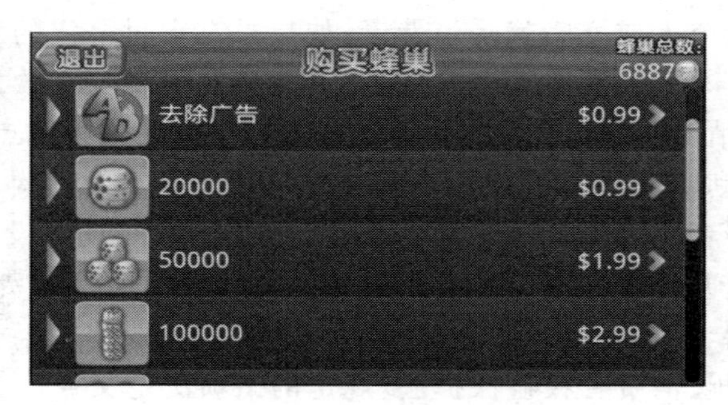

图 3-1　网站盈利模式

所以，安全软件或服务用户属于消费者，受我国《消费者权益保护法》保护。

(2) 用户所享有的具体消费者权利

根据我国《消费者权益保护法》第二章的规定，消费者拥有人身、财产安全权，对商品或服务的知情权、自主选择权，公平交易权、损害依法求偿权、依法结社权、获得有关知识权、人格尊严和风俗习惯受尊重权、监督权等。软件用户作为消费者，均平等享有上述权利。在安全服务中，又尤以知情权、自主选择权的保护极为迫切。根据我国《消费者权益法》，知情权指消费者享有知悉其购买、使用的商品或者接受的服务的真实情况的权利。如在安全软件使用或者接受安全服务过程中，用户有权知道软件会扫描那些路径的文件、将会对哪些信息进行反馈，有权了解软件捆绑了哪些软件或插件，有权知道软件可能会同哪些同类型软件不兼容等。自主选择权是指，消费者有权自主选择提供商品或者服务的经营者，自主选择商品品种或者服务方式，自主决定购买或者不购买任何一种商品、接受或者不接受任何一项服务。消费者在自主选择商品或者服务时，有权进行比较、鉴别和挑选。如安全

① 该截图来自一个手机游戏软件。笔者借用该游戏截图来说明软件的免费与广告之间存在关联，该图将这种联系显性化。在目前大量的软件(包括安全软件)中，这种关系具有隐蔽性，如图 3-1 所示，360 手机助手中的软件排名，该排名是否真实地反映了用户的下载量和评价情况，需要第三方机构的数据才能让人信服。同时这也反映出第三方机构在安全服务行业领域内的重要作用。为规范安全服务行业的管理体制，引入第三方监测机构能够提供有力保障。(参见王天广：我的隐私谁做主，载《中国电信业》2010 年第 12 期；严霄凤：腾讯与 360 大战再次引发对个人信息保护的思考，载《信息安全与技术》2010 年第 9 期)

② 覃木：解读 360 与腾讯之争——互联网无隐私，载《源流》2010 年第 20 期。

软件不得通过各种方式引导用户卸载、删除或破坏用户客户端上的其他同类型或不同类型的软件，更不得向用户施压强制用户进行选择。此外，公平交易权的保护也值得关注。公平交易权是指消费者在购买商品或者接受服务时，有权获得质量保障、价格合理、计量正确等公平交易条件，有权拒绝经营者的强制交易行为。虽然在个人安全软件免费化潮流下，用户不需缴纳费用，但这并不意味着安全软件的质量保障要求就能有所降低。用户通过付费的形式购买安全软件，而在安装该软件时发现强制捆绑了其他的插件或软件，那么用户可以拒绝这种强制捆绑行为，以维护自己的公平交易权。本文将着重分析安全服务中的知情权和自主选择权。

（3）安全服务中的知情权

消费者的知情权旨在消除经营者和消费者信息不对称给消费者带来的不利。[①] 从某种程度来说，知情权的行使也是消费者进行自主选择的前提。我国《消费者权益保护法》第8条规定："消费者享有知悉其购买、使用的商品或者接受的服务的真实情况的权利。有权知悉其购买、使用的商品或者接受的服务的真实情况。消费者有权根据商品或者服务的不同情况，要求经营者提供商品的价格、产地、生产者、用途、性能、规格、等级、主要成分、生产日期、有效期限、检验合格证明、使用方法说明书、售后服务，或者服务的内容、规格、费用等有关情况。"根据该法条可知，我国对于传统商品与服务交易中消费者知情权的内容主要包括：①商品或服务的基本情况，包括商品名称、商标、产地、生产者名称、生产日期等；②有关技术状况的表示，包括商品用途、性能、规格、等级、所含成分、有效期限、使用说明书、检验合格证书等；③有关销售状况，包括售后服务、价格等。[②] 同时该法第18条还规定："经营者应当保证其提供的商品或者服务符合保障人身、财产安全的要求。对可能危及人身、财产安全的商品和服务，应当向消费者做出真实的说明和明确的警示，并说明和标明正确使用商品或者接受服务的方法以及防止危害发生的方法。"这可视为在保护消费者人身、财产安全权的同时，对知情权也进行了保护。此外，我国《反不正当竞争法》也体现了对知情权的重视。其第9条规定："经营者不得利用广告或者其他方法，对商品的质量、制作成分、性能、用途、生产者、有效期限、产地等作引人误解的虚假宣传。广告的经营者不得在明知或者应知的情况下，代理、设计、制作、发布虚假广告。"《中华人民共和国产品质量法》第27条也规定："产品或者其包装上的标识必须真实，并符合下列要求：有产品质量检验合格证明；有中文标明的产品名称、生产厂厂名和厂址；根据产品的特点和使用要求，需要标明产品规格、等级、所含主要成分的名称和含量的，用中文相应予以标明；需要事先让消费

---

① 高富平主编：电子商务法律指南，法律出版社2003年版，第354页。

② 参见找法网：消费者知情权的内容概述，资料来源：http://china.findlaw.cn/xfwq/xiaofeizhedequanyi/xfzqy/67054.html，2012年6月12日访问。

者知晓的，应当在外包装上标明，或者预先向消费者提供有关资料；限期使用的产品，应当在显著位置清晰地标明生产日期和安全使用期或者失效日期；使用不当，容易造成产品本身损坏或者可能危及人身、财产安全的产品，应当有警示标志或者中文警示说明。”

将上述有关知情权的法律法规具体到安全服务中可知，安全服务用户作为消费者，其知情权的内容包括：①有权获知安全软件或服务的基本情况，包括名称、安全服务提供商、发布日期、版本等；②有权获知安全软件或服务的技术状况，包括具体用途、使用说明、信息收集情况、隐私保护措施、扫描路径、存在的技术漏洞风险、运行形式、需要占用或者使用的用户资源等；③有权获悉安全软件或服务的销售状况、售后服务、价格等。此外，在网络环境下，知情权的内容还应包括④有权要求安全服务提供商进行提前告知和提示，有权了解厂商主体的信息。这一项在《消费者权益保护法》并无依据，该法中仅赋予了商品本身信息的告知义务，亟待修订。[①]

知情权，它既可表现为一种积极的权利，也可表现为一种消极的权利，这就使知情权包含了被告知与获知两层含义。[②] “对于任何权利，都必须有可能说出何种作为或不作为将构成对它的侵犯，如果没有此种作为或不作为可以证实，那么就不存在一项权利。”[③]对于安全服务用户而言，它是知情权的权利主体，其作为或不作为只是权利意识强弱的一种表现。而安全服务提供商则不同，它是义务主体，只有主动履行信息披露义务，才能使用户知情权得以实现。如果安全服务提供商拒绝履行信息披露义务，就将构成对用户知情权的侵犯。

(4) 安全服务中的自主选择权

自由选择是消费者获得满意商品或服务的基本保障，因而自主选择权在消费者权益保护制度中充当着十分重要的角色。自主选择权作为一项法定权利，它也是《民法通则》中自愿原则[④]在消费者交易活动中的具体表现。我国《消费者权益保护法》第 9 条规定：“消费者享有自主选择商品或者服务的权利。消费者有权自主选择提供商品或者服务的经营者，自主选择商品品种或者服务方式，自主决定购买任何一种商品、接受或者不接受任何一项服务。消费者在自主选择商品或者服务时，有权进行比较、鉴别和挑选。”同时，我国《反不正当竞争法》第 7 条规定：“政

---

① 参见刁胜先：网络自由不能承受之忧——从 3Q 大战看网络用户民事权益的保护，载《重庆邮电大学学报》(社会科学版)，2011 年 3 月第 23 卷第 2 期。

② 参见马建青：论我国消费者知情权的法律保护，东北财经大学 2011 年硕士学位论文。

③ A·J·M·米尔恩：人的权利与人的多样性——人权哲学，夏勇、张志铭译，中国大百科全书出版社 1996 年版，第 112 页。

④ 《民法通则》中的自愿原则，是指公民、法人等任何民事主体在市场交易和民事活动中都必须遵守自愿协商的原则，都有权按照自己的真实意愿独立自主地选择、决定交易对象和交易条件，建立和变更民事法律关系，并同时尊重对方的意愿和社会公共利益，不能将自己的意志强加给对方或任何第三方。

府及其所属部门不得滥用行政权力,限定他人购买其指定的经营者的商品,限制其他经营者正当的经营活动。政府及其所属部门不得滥用行政权力,限制外地商品进入本地市场,或者本地商品流向外地市场。”第 12 条规定:“经营者销售商品,不得违背购买者的意愿搭售商品或者附加其他不合理的条件。”这些条款都是对消费者自主选择权的有力保护。以上法律法规主要是对现实环境中的消费者知情权和自主选择权做的规定,对于网络环境下的交易、服务行为,尤其是本课题探讨的安全服务行为并没有做专门规定,但这并不妨碍这些条款在安全服务过程中的适用。安全服务用户,作为安全软件(或安全服务)的消费者,其法定权利是应当受到我国法律的保护的。

具体到安全服务中,用户自主选择权的内容包括:①有权自主选择提供安全软件或安全服务的安全服务提供商;②有权自主选择安全软件产品或服务的品种或服务方式;③有权自主决定是否购买任何一款安全软件、是否接受任何一项安全服务;④在选择安全软件或服务时,有权进行比较、鉴别和挑选。同时,安全服务中的用户自主选择权还包括:⑤未经用户同意,不得擅自在用户终端上安装、运行、升级、卸载安全产品,不得在安全服务以外附载其他产品或者服务,不得修改、删除用户数据或者其他系统设置等内容。①

自主选择权从本质内容上看有两个方面的主要特点②。一是主观的自愿性。自愿是从权利主体的角度出发,指当事人的行为是意思表示真实的结果。在《民法通则》上,“意思表示真实”是民事行为生效的重要要件,意思表示不真实而做出的行为不会产生具体的法律后果。在实践中,用户选择安装安全软件或者接受某种服务完全是由于该软件或服务可以满足其维护终端和系统安全、对系统进行优化等需求,且安装使用方便、功能齐全。此时,用户的选择安装就是一种真实的意思表示,是主观的自愿。反之,如果软件的安装或服务的接受是在使用其他软件或服务的过程中捆绑的,此时的选择就可能不是完全的主观自愿。二是客观上的自由性,即排除他人不正当的干涉和诱导。用户的自主选择是有条件的,会受到用户自身能力、掌握的信息以及外界环境等因素的限制和制约。如一些安全软件向用户提供开机优化加速服务,针对检测结果对用户进行提示并提供一键优化的选择。此种选择是用户主观上的自愿,但是服务性功能的指引是否公正合理,是客观自由能否有效得以体现的重要前提。

---

① 参见朱秀梅:改善我国互联网安全服务规制,载《中国电信业》2011 年第 4 期。

② 参见韩焕玲:消费者的自主选择权——从 QQ 与 360 大战说开去,载《经济研究导刊》,2011 年第 7 期。

3.2.3 用户的隐私权

由于安全软件或应用在运行时会对用户终端系统和文件进行扫描，在该过程中可能会涉及含有用户隐私信息的文件，也有可能由于技术原因而造成误杀、错杀情况。所以，在安全服务中，可能涉及的用户权利还包括隐私权及数据信息安全的权利，其中数据信息安全权利可以属于消费者安全权。在软件使用和接受网络服务的消费关系中，软件或服务提供商，同样有义务保证所提供的软件和服务不能危及消费者人身、财产安全，尤其是网络环境中的消费者信息安全权。[①] 近年来信息泄露、隐私侵犯事件频发，用户的隐私安全问题凸显。各大安全服务提供商也纷纷采取措施保护用户隐私。如奇虎就发布了《360 用户隐私保护白皮书》，金山也有《金山在线隐私权政策》对隐私方面的事宜进行披露。

"隐私权"一词最早由哈佛大学法学院的沃伦和布兰迪斯在其于 1890 年发表的《论隐私权》一文中提出。在一百余年的发展过程中，国内外理论界对隐私权的内涵产生过数种理论，其中包括独处权说、信息控制理论、亲密关系理论、人格理论等。[②] 独处权说将隐私权界定为"一个人待着的权利"。具体来说就是个人有权规划自己的事务，每个公民有权不受干扰地以自己认为最佳的方式规划自己的生活，做自己想做的事，去自己想去的地方。[③] 信息控制理论主要是指权利主体有权对其信息的收集、披露和利用等进行控制。亲密关系理论则是从人际关系的角度来审视隐私权。根据该理论，我们在日常生活中同他人交往形成不同层次的亲密关系，这些关系要求不同的自我披露限度。隐私保障我们可以对不同的关系保持不同的亲密关系程度和自我披露程度。有学者认为，隐私信息可以分为法律强制性隐私信息和相对性隐私信息，而相对性隐私信息又包括空间相对性隐私和对人的相对性隐私。[④] 这种学说在一定程度上借鉴了亲密关系理论的内容。最后是人格理论，它认为隐私权所呈现的是一个人对其人格的主张，保护隐私权的目的在于保护人之人格尊严。[⑤] 这些理论各有其侧重点，有其合理之处，也都存在不足。如独处权无法同一般的自由权相区分；信息控制理论局限于对信息的控制，且"控制"一词也难以界定；亲密关系理论将隐私权限定在人与人的亲密关系层面显得也有些狭隘；人格权的范围太广，用人格尊严来界定隐私权犯了概念模糊之大忌。[⑥] 要对

---

① 参见刁胜先：网络自由不能承受之忧——从 3Q 大战看网络用户民事权益的保护，载《重庆邮电大学学报》(社会科学版)，2011 年 3 月第 23 卷第 2 期。

② 参见杨金丹：网络隐私权的私法保护，吉林大学 2010 年博士学位论文。

③ 参见孔令杰：个人资料隐私的法律保护，武汉大学出版社 2009 年版，第 64 页。

④ 参见：客户关系管理与我国隐私侵权法律问题探析，载《理论探讨》2011 年第 4 期。

⑤ 参见杨金丹：网络隐私权的私法保护，吉林大学 2010 年博士学位论文。

⑥ 参见杨金丹：网络隐私权的私法保护，吉林大学 2010 年博士学位论文。

隐私权进行合理界定，可以综合上述理论。如王泽鉴先生就将隐私权界定为：个人对其私领域的自主权利。该项权利的保障范围包括：①“私生活不受干扰”，即个人得自主决定是否及如何自公众隐退、幽居或独处，而保有自我内在空间，可称为空间隐私。②信息自主，即得自主决定是否及如何公开关于其个人的数据（信息隐私）。①

从立法和学术理论来看，我国采用的主要是人格理论说。在《侵权责任法》出台以前，我国对隐私往往通过如名誉权、通信自由和通信秘密等来保护。②《侵权责任法》出台后，虽然首次采用“隐私权”这一概念，但却并未对其作出明确定义。王利明先生在其《人格权法新论》一书中认为：隐私权是自然人享有的对其个人的与公共利益无关的个人信息、私人活动和私有领域进行支配的一种人格权。③ 这种定义获得了许多学者的支持，也是目前学术界、司法界和立法界关于隐私权的主流定义。④ 通过该定义可知，隐私权是一种可支配的人格权，其客体包含了个人信息，私人活动和私有领域三个方面。在传统环境中，个人信息指有关自然人的一切信息，如身高、体重、病历、身体缺陷、健康状况、财产状况、家庭情况、婚恋情况、学习成绩、缺点、爱好、心理活动、未来计划、政治倾向、宗教信仰、身份证号等。私人活动则是指一切个人的、与公共利益无关的活动。如夫妻生活、走亲访友及其他社会交往等。这些个人私事未经本人许可也不得随意监视、刺探或阻碍。个人领域主要包括个人住室、旅客的行李、私人的抽屉、学生的书包、个人口袋、日记本等，尤其是个人身体的隐秘部位。这些私有领域，未经主人许可，他人不得侵入。⑤ 此外，也有学者将人格理论同信息控制理论相结合去定义隐私权。如张新宝教授就提出，隐私权是自然人对自己有所有权的私人生活与私人秘密信息不被非法收集、知悉、侵扰、公开和利用，同时依法获得法律保护的一种人格权。并且权利主体对他人在什么程度上可以介入自己的私生活，自己是否对他人公开隐私信息以及多大范围内公开具有决定权。⑥

进入网络社会后，网络隐私权的概念开始盛行。但目前对网络隐私权也并无

---

① 王泽鉴：人格权的具体化及其保护范围・隐私权篇（中），载《比较法研究》2009 年第 1 期。

② 如最高人民法院《关于审理名誉权案件若干问题的解答》中规定：“禁止任何单位和个人未经当事人同意就公布当事有关个人隐私的信息，任何传播他人隐私，致使他人名誉受损的行为都以侵害他人名誉权处理。”又如《中华人民共和国宪法》第 40 条：“中华人民共和国公民的通信自由和通信秘密受法律的保护。除因国家安全或者追查刑事犯罪的需要，由公安机关或者检察机关依照法律规定的程序对通信进行检察外，任何组织或者个人不得以任何理由侵犯公民的通信自由和通信秘密。”

③ 王利明：人格权法新论，吉林人民出版社 1994 年版，第 47 页。

④ 参见蒋淑波：客户管理与我国隐私侵权法律问题探析——兼评 360 提出腾讯侵害隐私权问题，载《理论探讨》2011 年第 4 期。

⑤ 参见陈鑫：网络隐私权保护研究，四川省社会科学院 2011 年博士学位论文。

⑥ 张新宝：隐私权的法律保护，北京群众出版社 2004 年版。

一个统一的定义。学者赵华明认为，网络隐私权是指自然人在网上享有私人生活安宁和私人信息依法受保护，不被他人非法侵犯、搜集、复制、利用和公开宣扬的一种人格权；也指禁止在网上泄露某些与个人相关的敏感信息，包括事实、图像以及诽谤的意见等。[①] 学者王丽萍则对网络隐私权作出了狭义和广义的定义。她认为，狭义的网络隐私权仅指数据隐私，是每个人对其所有的数据资料加以控制和支配，决定其是否公开以及公开范围的权利。广义的网络隐私权包括对于个人资料或数据所享有的控制和支配的权利，以及对于传统的隐私信息、私人活动、私人领域不受他人非法侵扰、知悉、刺探、监视、监听及泄露、公开的权利，是一种综合性的人格权。[②]

我们认为，信息网络环境下，数字化使个人隐私信息的可控性增强，信息控制理论具有一定的先进性。但同时，一方面网络隐私权作为传统隐私权在网络环境中的延伸，其同传统隐私权并不是一种平行的关系，而是被包含与包含的关系。另一方面，只注重信息数据隐私的控制也不够全面，互联网上的私人空间和私人网络行为也应属于网络隐私权的客体范畴。作为网络隐私权客体的网络隐私，同传统隐私权客体既有相同之处，也存在自身的特点。网络信息技术的发展使一些新型的隐私权客体产生，某些在传统环境中不是隐私的东西也变成了网络隐私的一部分。在此我们采用王利明教授对隐私权的定义，得出网络隐私权的客体可以包括以下三个方面。

（1）不愿公开的个人信息

不愿公开的个人信息是网络隐私权客体的重要组成部分，但它并不意味着所有的个人信息都是网络隐私权的客体。[③] 一般而言，不愿公开的个人信息既包括传统隐私概念中数字化后的个人隐私信息，如前述的生理缺陷、身份证号、种族、宗教信仰、指纹等；也包括一些网络促生的个人隐私信息，如QQ账号密码、社交网络账号密码、网上银行登录信息、通信数据、个人隐私文件、聊天记录等。同时，并非所有数字化的个人信息都属于隐私信息，这主要是尊重个人对生活秘密的处置自由意愿，如果当事人自愿公开，则应当允许其公开；如果已经公开，就不再是私密的

---

① 赵华明：论网络隐私权的法律保护，载《北京大学学报》2002年第1期，第165页。

② 参见王丽萍：信息时代隐私权保护研究，山东人民出版社2008年版，第38-40页。

③ 该概念同我国于2013年2月生效的《信息安全技术公共及商用服务信息系统个人信息保护指南》国家标准中对“个人敏感信息”的定义具有类似性。根据该标准，个人信息指“可为信息系统所处理、与特定自然人相关、能够单独或通过与其他信息结合识别该特定自然人的计算机数据。个人信息可以分为个人敏感信息和个人一般信息”。个人敏感信息是指“一旦遭到泄露或修改，会对标识的个人信息主体造成不良影响的个人信息。各行业个人敏感信息的具体内容根据接受服务的个人信息主体意愿和各自业务特点确定。例如个人敏感信息可以包括身份证号码、手机号码、种族、政治观点、宗教信仰、基因、指纹等”。

信息了。[①] 那些个人不愿公开的信息数据，在未经告知和允许的前提下，不得被收集、利用或公开。

（2）个人网络行为

这同传统隐私权所包含的私人活动具有类似性。在网络空间中，网络用户可以在网上进行购物消费、交友、视频、查找资料、网页浏览、下载等诸多行为活动。而在大数据时代中，这些信息往往具有一定的商业价值；且通过现有的技术，可以对用户的这些操作或网络行踪进行跟踪和记录。这些网络行为往往揭示了用户的兴趣、爱好、身份、收入情况、性取向等，用户一般不愿意公开这些信息。这些网络行为大多数是与公共利益无关的私人活动，在没有获得用户同意的前提下，不得随意进行监控、阻挠或收集利用。

（3）个人空间

这与传统隐私权的私人领域相对应。网络虽是虚拟的，用户在网络中也拥有自己私有的领域。凡是私人支配的空间场所，无论是有形的，还是虚拟的，都属于个人隐私的范围。空间隐私除了物理空间之外，还应当扩及电子空间等虚拟空间。[①]用户将其终端联网后，其终端的系统和空间就成了一个私人空间，未经许可不可随意侵入。用户通过网络服务提供商提供的网络服务建立的空间主页、创建的电子邮箱系统等，也都属于个人空间，即使用户对服务器并无所有权。对于这些虚拟空间，在未经授权和同意的前提下，不可随意侵入或监控。

网络隐私权的具体权利内容，有学者认为应包括这几点[②]：①知情权。即用户有权获知谁在收集和占用，收集和占用的信息类别，信息属性，信息内容，收集和占用的意图等。②支配权。指权利人有权对自己的个人数据和隐私资料，按照自己的意愿进行控制和支配。这是一种积极的权利。③选择权。指用户有权选择是否提供自己的信息，以及提供哪些信息。④安全请求权。即权利人有权要求个人数据和隐私资料的收集者或管理人采取必要的安全保护措施，保护数据和信息的安全性和完整性。⑤求偿权。当用户的网络隐私权遭受侵犯时，有权请求赔偿。此外，我们认为，网络隐私权还包括用户有权要求其个人网络行为不被跟踪、监控、收集，个人空间不被非法侵扰、监控等权利。

安全服务中涉及的隐私权，同网络隐私权并无太大区别，两者都是传统隐私权

---

① 王利明：隐私权的新发展，载《人大法学评论》2009 年第 1 期。

② 参见肖仕龙：论网络隐私权及其法律保护，重庆大学 2011 年硕士学位论文。

概念在个人信息数字化、个人空间虚拟化后的延伸。[①] 不同的是，安全服务中的隐私侵权在用户没有联网的情况下无法完成。安全服务提供商，作为安全服务中的另一主体，其侵犯用户的网络隐私权主要表现为对用户个人数据和个人网络行为的收集、监控和利用上。由于安全软件的运行需要进入用户的私人空间，一般事先都通过协议等方式获得了用户的许可，因此侵犯用户个人虚拟空间在安全服务中并不多见。

3.3 侵犯用户知情权和自主选择权

新技术的迅速发展使消费者权益保护的环境发生了明显的变化：消费者的知情权、自主选择权越来越难以得到保障；大企业的发展壮大使消费者的弱势地位更加凸显；新的营销、购物形式的出现，让产品质量更难以把控，消费者维权的过程更加艰难，成本更高。这些新的变化冲击着传统的消费者权益保护的模式与理念，也对各国消费者权益保护的能力提出了新的要求，迫使各国开始重新审视本国消费者权益保护的现状和能力。[②]

安全服务本身具有特殊性。安全软件的主要功能是，定期或即时地对用户终端上的数据或文件进行扫描和分析，当安全威胁出现时，通过隔离、删除、上传等方式对病毒、木马或可疑文件进行处理。因此，同其他网络服务或软件应用不同，安全软件拥有一张对运行数据进行监控和进入用户终端系统的"合法许可证"。正是由于这张"许可证"，用户的权益面临巨大威胁。用户的知情权和自主选择权是法定的民事权利，对它们的侵犯应承担相应的侵权责任。

---

① 也有学者针对软件和软件用户提出软件用户隐私权的概念。如广西师范大学的付健教授认为，软件用户隐私权具有自己的特殊性，同网络隐私权既有关联也有不同。她将软件用户隐私权定义为：软件用户在装载和使用软件的电子平台上享有私人安宁和私人信息依法受到保护，享有对软件企业所利用的用户个人隐私的知悉真情、要求保密、排除利用、限制使用的权利，以及在权益受到损害时请求排除妨害和要求赔偿的权利。（见付健：我国软件用户隐私权若干法律问题研究——以腾讯与 360 争端事件为视角，载《法学杂志》2011 年第 12 期）笔者认为，其所指软件用户隐私权之权利客体和内容与网络隐私权并无实质性差异，最大区别在于侵权主体方面。侵犯网络隐私权的主体可能是自然人，也有可能是法人；而侵犯软件用户隐私权的主体只可能是生产软件的厂商。基于此，提出软件用户隐私权的概念存在其合理性。而笔者同时也认为，网络隐私权概念的产生在于互联网的存在和个人信息的数字化，其概念中实际已包含软件用户隐私权所包含的内容。尤其是在云计算迅速发展的背景下，软件逐渐应用和服务化，区分网络隐私权和软件用户隐私权也显得不太必要。故笔者在分析安全服务中的隐私权问题时采用的即是网络隐私权的概念。

② 参见田志远：法社会学视角下的 QQ360 事件评析，载《中国-东盟博览》2012 年第 3 期。

3.3.1 侵权构成要件

侵权责任的构成要件，即行为人承担侵权责任的条件，它是判断行为人是否应负侵权责任的标准。仅有损害事实并不足以对行为人归责，责任的确定必须依据一定的标准加以判断。[①] 关于侵权责任的构成要件，目前国内主要存在“三要件说”和“四要件说”。根据“三要件说”，侵权责任的构成要件包括：过失、损害结果、行为与损害结果间的因果关系。这种学说认为违法行为不足以作为侵权行为责任的构成要件。[②] 而“四要件说”则认为，侵权责任的构成要件包括：行为的违法性、损害结果、损害行为与损害结果间的因果关系以及行为人的过错。我们认为，对于安全服务中的侵权，一般采用“四要件说”。安全服务提供商所实施的侵害行为是导致用户损害结果产生的前提条件。在过错责任归责原则下，安全服务提供商的侵权责任构成要件为：实施了违法性侵害行为，用户受到了人身或财产性损害，加害行为同损害结果间具有因果关系，安全服务提供商存在故意或过失的过错。

（1）侵害行为

安全服务提供商所实施的违法性侵害行为是导致用户损害结果产生的前提条件，具体来说包含三个要素。首先，要有侵害行为。《民法通则》中的行为，既包括积极的作为，也包括消极的不作为。在安全服务中，安全服务提供商既可能实施如恶意的不兼容、诋毁性宣传、强迫用户选择、捆绑安装等积极行为；也可能实施在用户的主动要求下仍不允告知产品或服务的相关信息、不解决非技术性兼容等。不管是作为还是不作为，都构成民事意义上的“行为”。其次，安全服务提供商所实施的侵害行为必须违法，即违反了法律的规定。对于违法中“法”的内容的理解，江平教授认为，其既包括国家实体法律中的规定，也包括公序良俗，乃至按照职务上的要求所应承担的义务。因其特征就是要在客观上与法律规定的精神、基本原则相一致。[③] 我国《消费者权益保护法》《反不正当竞争法》《民法通则》等均对用户作为消费者所享有的知情权和自主选择权进行了规定。虽然现行的法律未对软件不兼容等问题进行规制，但是，对诸如恶意不兼容等行为的限制是符合保护社会公共利益这一目的的。而且工业和信息化部出台的《规范互联网信息服务市场秩序若干规定》这一部门规章也对不兼容等问题进行了明确的限制。最后，侵害行为造成了侵害。这是从用户角度而言，侵害是违法行为的结果。有权利即有相对应的义务，用户享有法律给予的知情权和自主选择权，那么安全服务提供商就有尊重这些权利的义务，若违反了这种义务，就构成了侵害。

---

① 王利明：侵权责任法（上），中国人民出版社 2010 年版，第 279 页。

② 参见孔祥俊：侵权责任要件研究，载《政法论坛》，1993 年第 1 期。

③ 参见江平主编：民法学，中国政法大学出版社 2007 年版，第 542 页。

（2）损害事实

损害后果的存在是侵权责任必备的构成要件，安全服务中的用户只有在因安全服务提供商的侵害行为受到损害时才能获得法律上的救济，而安全服务提供商也只有在因其行为致使用户权益受到损害时，才有可能承担侵权责任。

一般认为，损害是指因一定的行为或事件使某人受法律保护的权利和利益遭受不利益的影响。[①] 这种影响既包括财产性损害，也包括非财产性损害。财产性损害多指能够用金钱进行衡量的经济上的损失。而非财产性损害指财产损害以外的损害。安全服务提供商对用户知情权和自主选择权的侵犯，造成的结果既可表现为财产性损害，也可为非财产性损害。对大多数免费用户而言，安全服务提供商无论通过虚假宣传、怠慢解决技术上不兼容问题等方式，还是通过"艰难决定"强迫用户进行选择或恶意不兼容，均是使知情权和自主选择权背后所涵盖的消费者利益受到了损害。尤其是恶意的不兼容行为，使用户违背真实意愿的同时，也给用户的正常操作和使用带来了不便。这些损害是无法通过金钱来进行计算和衡量的，属于非财产性损害。而对于那些付费用户而言，他们所受到的损害既包括财产性损害也包括非财产性损害。在安装安全软件时，强制性的对用户终端上其他付费软件或应用进行了删除、修改或卸载操作，使其不能发挥原有作用或功能，就是对用户财产性利益的侵犯。

（3）因果关系

该要件是指安全服务提供商的行为同形成的损害结果之间必须存在逻辑上的关系。只有在违法行为与损害结果之间存在这种逻辑联系，并符合其他构成要件时，安全服务提供商才负侵权责任。"因果关系"中的"因"指安全服务提供商所实施的行为，而"果"则指用户受到的损害。

学术界关于因果关系的认定学说众多。我们认为，在安全服务中，因果关系可以采用相当因果关系说。[②] 该学说对于因果关系的判断分两个步骤：首先，判断事实上的因果关系，王泽鉴教授将其称为"条件关系"的判断。该步骤中必须要确定，损害是否是在自然发生的过程中形成的，或者是依特别情况发生，是否具有外来因素的介入。[③] 很显然，如果安全服务提供商没有实施虚假宣传、恶意不兼容、强迫用户进行选择等侵犯用户知情权和自主选择权的行为，在了解真实情况的前提下，用户不会购买存有漏洞的软件，进行或被迫进行删除、卸载、安装、升级等操作，以致造成财产性损害或非财产性损害。没有前者就不会产生后者，所以这种事实上的因果是成立的。其次，需要对法律上的因果关系进行判断，王泽鉴教授也将其称

① 王利明：侵权责任法研究（上），中国人民大学出版社 2011 年版，第 286 页。

② 该学说最早由德国学者冯·克里斯提出。

③ 王利明：侵权责任法研究（上），中国人民大学出版社 2011 年版，第 358 页。

为“相当性”的判断。该步骤中，需就这个客观存在的事实，根据人的知识经验法则判断，是不是这个事实通常都会发生同样的损害后果，如果这个事实在通常情况下都可能发生同样的损害结果，那么，这个行为与损害结果就有因果关系。[①] 安全服务提供商实施的虚假宣传行为、隐瞒不兼容行为，按传统经验看来，隐瞒了产品或服务的真实情况，已属对用户知情权利益的损害；恶意不兼容行为和强迫用户进行选择等，从本质上直接阻碍了用户的主观意愿或客观自由，属于损害自主选择权之利益的行为。在具体的侵权判定中，可以采取上述两个步骤来进行判断。

(4) 过错

安全服务中的侵权一般采用过错责任原则。过错包括故意和过失两种，是指加害人在实施行为时主观上的一种可归责的心理状态，即加害人在实施行为时，心理上没有达到其应当达到的注意程度。[②] 也就是说，安全服务提供商在实施违法性侵害行为时存在故意或者过失。故意是指行为人明知和能预见到损害后果，希望或放纵其结果发生的心理状态。这种过错形式主要见于刑事领域，在现代民事领域已经较少。[③] 但从现实来看，放任损害结果发生的间接故意在安全服务领域仍然存在。如厂商所从事的信息不全和夸大其词的虚假宣传行为，明知或能够预见到会对用户的知情权构成侵犯而依然放任其发生。又如采取强迫用户进行选择、恶意进行不兼容这些行为，也是明知或能够预见会侵犯自主选择权而放任不管。这些都属到故意过错范畴。而对于安全服务提供商实施的诋毁性宣传、存在技术性不兼容而不告知、怠于解决可解决的技术性兼容、修改用户协议等行为，多是因过失所致。过失是指行为人对自己的行为结果应当预见且能够预见却未能预见，或者虽有预见却轻信能够避免而依然实施该行为的心理状态。[④] 安全服务提供商从事这些行为多是为获得竞争上的优势、争取用户资源之目的，本应预见到会对用户的财产性利益和非财产性利益造成损害而没有过多考虑，或者认为不会造成太大影响而实施。这种基于过失而产生的过错是对用户权益不重视的体现。虽然安全服务提供商在实施侵害行为之前，并没有刻意希望用户权益受损，但无论是放任损害结果的发生还是因过失造成损害，都证明了安全厂商存在过错。

此外，在对事实上因果关系和过错的举证责任上，一般采用“谁主张，谁举证”原则，但在某些情况下应采用过错推定，以此保护处于弱势地位的用户。如对于不兼容问题的证明。若在安装一款安全软件后，出现用户无法行使安装其他同类产品或不同类产品的自主选择权的，或造成其他损害的，只要能够确定是在安装该款

---

① 江平主编：民法学，中国政法大学出版社2007年版，第551页。

② 江平主编：民法学，中国政法大学出版社2007年版，第553页。

③ 江平主编：民法学，中国政法大学出版社2007年版，第554页。

④ 江平主编：民法学，中国政法大学出版社2007年版，第554页。

安全软件后造成的，且大多数的用户都出现类似的情况，那么用户就可以不兼容为由向法院寻求救济。若安全服务提供商不能证明该情况属其他原因造成，或者不能给出合理的解释，那么安全厂商就应承担侵权责任。

3.3.2 侵权表现形式

(1) 虚假宣传

虚假宣传行为是指经营者在商业活动中利用广告或者其他方法，对商品或者服务提供与实际内容不符的虚假信息，导致客户或者消费者误解的行为。该种行为违背了民事行为中最基本的诚实信用原则，违反了行业公认的商业准则，是一种严重的不正当竞争行为，我国《反不正当竞争法》第 9 条对该种行为进行了规定。[①]同时，用虚假信息蒙骗消费者，使消费者无法了解其购买、使用的商品或服务的真实情况，也侵犯了《消费者权益保护法》赋予消费者的知情权。安全服务中的虚假宣传行为主要体现在，安全服务提供商利用广告或其他方法，夸大、虚假或片面陈述其产品或服务的功能和作用，使用户在不了解真实情况下购买或安装使用的行为。

我国最高人民法院发布的《关于审理不正当竞争民事案件应用法律若干问题的解释》第八条对虚假宣传的种类作了详细的规定："经营者具有下列行为之一，足以造成相关公众误解的，可以认定为《反不正当竞争法》第 9 条第一款规定的引人误解的虚假宣传行为：(一)对商品作片面的宣传或者对比的；(二)将科学上未定论的观点、现象等当定论的事实用于商品宣传的；(三)以歧义性语言或者其他引人误解的方式进行商品宣传的。以明显的夸张方式宣传商品，不足以造成相关公众误解的，不属于引人误解的虚假宣传行为。"具体到安全软件行业中，安全服务中的虚假宣传行为主要包括以下 3 种。

第一，对安全服务进行信息不完全的宣传。该种行为是相对于狭义虚假宣传行为而言的。[②] 在安全软件行业中，狭义虚假宣传行为很少出现在安全服务中。而信息不完全的宣传行为则不然，它是指安全服务提供商发布的关于产品或服务之信息往往不完全虚假，而是包含了一部分真实的信息，但是却避重就轻、遮疵掩瑕、报喜不报忧，刻意将缺陷掩藏，甚至通过语言上的歧义来误导用户进行购买、安装或使用。最常见的就是对安全软件产品存在或可能存在的漏洞、对安全软件或服务进行过程中可能存在的对用户终端或数据造成的风险、隐私保护措施等避而

---

① 参见找法网：浅议虚假宣传行为，资料来源：http://china.findlaw.cn/jingjifa/fldf/jz/xjxc/11301497.html，2012 年 7 月 10 日访问。

② 所谓狭义虚假宣传行为，是指在宣传过程中采取完全虚假的信息，欺骗消费者并导致其作出错误的购买决定的行为。

不谈。这些行为都有违《消费者权益保护法》中关于消费者知情权的规定，用户有权通过法律途径维护自己的合法权益。

第二，对安全服务进行夸大其词的宣传。该种行为是指安全服务提供商将其产品或服务的功能、特征、符合的技术标准、采用的安全技术等进行了名不符实的宣传，从而使用户信以为真，而做出购买、安装或使用等行为。根据前述最高院的司法解释，只要该种行为“不足以造成相关公众误解”，则不成立不正当竞争行为，也就是说，安全厂商可以对其产品或服务进行一定程度上的夸大。对于侵犯知情权的认定是否要采用这一标准，我们认为，对于涉及安全软件产品或服务的核心技术、采用的标准等关键信息，只要是进行了任何形式的夸张，就应认定为对知情权的侵犯。因为一般而言，用户对于这些关键信息不具备辨别能力；而对于诸如功能等描述性的信息，则可以允许其进行适当的夸张，而这个度则以“不足以造成相关公众误解”为准。

第三，对其他安全服务进行诋毁性宣传。该行为是指安全服务提供商通过捏造事实、诽谤或比较的手法贬低或攻击其他竞争对手。虽然这种行为主要属于安全厂商间的不正当竞争行为，但对于作为消费者的用户来说，其购买、使用安全软件产品或服务是建立在对其他安全软件产品或服务的错误认识基础上，或在主动条件下仍不能清楚获知其使用安全软件产品或服务的真实情况，这也构成对用户知情权的侵害。

根据我国《反不正当竞争法》第9条规定：“经营者不得利用广告或者其他方法，对商品的质量、制作成分、性能、用途、生产者、有效期限、产地等作引人误解的虚假宣传。”这其中包括两个条件：一是“引人误解”，二是发布“虚假信息”。但这两个条件到底是同时满足还是满足其一即可，学术界更倾向于认为，只要行为造成“引人误解”的后果，不管其宣传信息是否虚假，都应归为虚假宣传行为。且虚假宣传行为的成立不以误解事实的发生为前提，“‘引人误解’应当是构成虚假宣传的充分要件，它不以对市场宣传已经造成误解为前提，无论有无误解的事实发生，只要足以引人误解，就构成虚假宣传。”[①]最高人民法院《关于审理不正当竞争民事案件应用法律若干问题的解释》也表明，我国司法在认定虚假宣传行为时，并未要求同时满足这两个条件。这样做的原因在于，某些宣传行为并没有发布虚假的信息，如前述安全服务提供商进行的信息不完全的宣传行为，它同样造成了或可能造成用户对安全产品或服务不真实认知这样一种误解，如果两个条件均要满足，则这种行为将难以规制。

国内外目前主要用以下几项原则来认定虚假宣传。[②]

① 王茜：虚假宣传之法律认定，载《社科纵横》2012年6月总第27卷。

② 参见王璐：虚假宣传行为认定及其法律规制，载《法制与社会》2010年5月。

第一,后果原则。宣传的信息无论其内容真假,只要可能产生“引人误解”的后果,即构成虚假宣传。

第二,普通注意力原则。对虚假宣传的认定应以被宣传者的普通注意力为判断标准。安全服务提供商通过广告或其他方式向用户或消费者做宣传,而用户或消费者在选择安全软件产品或服务时,是欠缺仔细分析宣传内容之注意力的,只是以普通注意所得印象作为购买、安装或使用的基础,故应当以一般消费者的普通注意力作为认定标准。

第三,积极宣传与消极宣传兼顾原则。就如前面所提及的信息不完全的宣传,虚假宣传并不只局限于积极的宣传,如果遗漏关键的信息,即出现消极宣传的情形,同样构成虚假宣传行为。

第四,整体观察原则。该原则是指在认定虚假宣传行为时,对于广告或其他方式所提供的信息内容,不是进行文法上的分析,而是以在整体上给予用户或消费者的印象会造成误解进行判断。

以上四个原则再次表明国内外对于虚假宣传行为的认定,并不以“信息虚假”为前提,而是只要造成“引人误解”的后果即可成立。[①] 它们既广泛适用于传统领域,也可以适用到安全服务中。

(2) 安全软件不兼容

软件不兼容,又称软件冲突,是指两个或多个软件在同时运行时,程序可能出现冲突,导致其中一个软件或多个软件不能正常工作,或用户终端出现运行缓慢、终端死机等状况的情形。这种情形既可能出现在安装过程中,也可能出现在软件产品的使用过程中。该问题由来已久,主要由于软件厂商间缺少沟通,导致在软件的程序设计上相互阻碍,一般来说此种情况在程序设计者的意料之外,属无意的不兼容,或称为技术上的不兼容;但也不排除某些软件厂商,为争夺用户市场,或打击竞争对手,故意在其软件程序中设置障碍,导致与其他同类或不同类软件产品互相冲突,这就属恶意的不兼容。

安全软件间的不兼容,要从安全软件所依赖的技术说起。安全软件产品所采用的安全技术,从早期的被动式病毒码识别、静态扫描检测,到现今的集被动与实时化的主动防护于一身,其中尤其是实时化的主动防御技术,使安全软件产品使用更多的服务、驱动等底层技术,运行更接近系统内核的位置,这种技术的升级也成为安全软件产品间的不兼容的一方面原因。随着威胁网络安全因素的不断增加,安全防护工作的日趋复杂,又加上安全服务提供商数量的上升,而操作系统厂商却

---

① 如德国《反不正当竞争法》原来只“禁止虚假广告”,但在 1965 年时将其修改为禁止“引人误解的广告”,并在其第三条中作了专门规定。

并没有提供一种比较标准的技术规范，故安全产品间的不兼容问题越发普遍。[①]根据上海交通大学信息安全工程学院“反恶意软件研究小组”的调查结果显示，无论是 ESET 和卡巴斯基 PURE9、诺顿 2011 和 AVG2011，或是国内的金山毒霸 2009SP2 和瑞星等，均在安装阶段就以不兼容为由要求卸载掉对方。[②]

根据上海交通大学发布的《安全软件兼容性问题白皮书》显示，目前已经发现并被报道的兼容性问题包括以下四种。[③]

造成系统崩溃和其他严重故障：从 2000 年以来，根据公开报道，已经出现多起因安全软件之间相互冲突，而导致系统蓝屏、死锁等事件。

资源占用：反病毒扫描、监控和其他防护机制，都会带来系统资源的占用。如病毒库的内存展开对内存的资源使用，文件监控、定时扫描可能导致更多的 I/O 开销以及各种保护机制对 CPU 时间片的占用等。这些对用户操作有一定影响，如系统延时、文件复制操作时间变长等。而由于消息传递等机制，有可能在多种反病毒产品共存时，其对资源和时间的影响不是简单的线性叠加，而是出现明显的性能恶化。

失效：由于安全软件之间的冲突，多种安全软件共存时，有可能造成其中一种软件或其部分功能失效，或者多种软件或功能均失效的风险。

相互误报：由于厂商之间互信互通机制尚不够通畅，以及少数恶意的“误报构造”攻击的存在，厂商之间出现相互误报的情况，也时常发现。因为被报警为病毒而严重地影响用户对产品的信心，所以，各厂商对被误报的问题也均比较敏感。

该白皮书还指出，绝大多数情况下，安全软件产品之间的兼容性问题，都是技术与协调的问题，有其工作机理上的必然性，并往往具有一定的不可避免性。[④] 多数不兼容问题并非安全服务提供商间的竞争引发，商业竞争并非不兼容问题存在的本质。安全软件的兼容性问题也是安全服务提供商的核心困扰之一，因其排查和解决该种问题具有一定的困难性和滞后性，同时由于安全软件或服务对于用户终端和系统的重要性，其不兼容问题往往比其他的软件冲突后果更严重。目前安

---

① 参见上海交通大学：安全软件兼容性问题白皮书（2011），资料来源：http://sec.chinabyte.com/415/11966415.shtml，2012 年 4 月 2 日访问。

② 参见《安全软件兼容性问题白皮书》发布，资料来源：http://www.win7china.com/html/15193.html，2012 年 4 月 2 日访问。

③ 上海交通大学：安全软件兼容性问题白皮书（2011），资料来源：http://sec.chinabyte.com/415/11966415.shtml，2012 年 4 月 2 日访问。

④ 杀毒软件的兼容性问题从技术成因上，多来自于安全软件实时监控主动防御防火墙浏览器防护等方面的需求。当同时装有多款安全软件时，他们会各自把病毒特征库加载到内存中，一有风吹草动就争相检测；这些软件也会动用文件过滤形同对文件的读取、写入或运行进行过滤拦截，会导致系统资源占用成倍放大，严重时还会导致电脑蓝屏崩溃，甚至数据丢失。这种不兼容是由安全软件的工作原理所导致的，有其必然性。（见 Panx：专家分析称杀毒软件互相不兼容无可避免，载《网络与信息》2011 年第 6 期）

全软件行业主要采用“后卸前”[①]原则来规避不兼容问题。这种原则虽然影响到了一定用户让多种安全软件产品共存的意愿，但其形成了一个单向的逻辑，即后安装的有告知和卸载的主动权，先装入主机的接受用户的选择，也具有一定的合理性。[②] 也就是说，完全由于技术上的因素导致的不兼容从法律层面可以允许；而对于安全服务提供商恶意为之的不兼容行为，则应当进行规制。

在软件的不兼容问题规范上，各方都试图做出一些努力。学术界如刘德良教授在其撰写的《网络不正当竞争行为法律草案》中第5条写道：“不得故意实施与特定经营者的软件不兼容行为。”这主要是从不正当竞争的角度出发。[③] 工业和信息化部在2011年12月29日出台了《规范互联网信息服务市场秩序若干规定》[④]。该规章第七条规定：“互联网信息服务提供者不得实施下列侵犯用户合法权益的行为：……（六）与其他互联网信息服务提供者的服务或者产品不兼容时，未主动向用户提示和说明的；……”在规范市场秩序的同时也对用户的权益进行了保护。但是，该款规定并没有对恶意不兼容问题进行明确规定。我们认为，在安全软件间不兼容中，以下几种情形应当属于侵犯用户作为消费者所享有的权利。

第一，安全软件存在技术上的不兼容而未对用户进行告知。这种不兼容的情形是由于安全技术上的原因而无法避免，而行业中一般采用“后卸前”的原则进行解决。但是，若用户在其终端上已存在某款安全软件产品的前提下再安装另外一款产品，而这两款产品存在不兼容的情形，在安装时该款产品却没有对这种不兼容情况和强行安装的风险进行告知，那么应当认为生产该款产品的安全服务提供商侵犯了用户的知情权。

第二，在技术不兼容问题可以解决的情况下怠慢解决或迟于公布信息。处理技术上的不兼容问题难度大，所需时间长，但并非意味着不能解决。某些安全服务提供商可能出于某种目的，在可以解决不兼容问题的条件下而不向用户提供解决方法或进行告知。用户基于不兼容而选择安装了某款既定的安全软件，并不意味着在该问题不存在的情况下不会选择安装另外的安全产品。毕竟在网络安全环境严峻的当下，不是任意一款安全软件产品能够独自担起安全防护之职的。多款安全软件的共存，也符合用户的根本利益。这种怠慢解决或迟于公布是对用户知情

① “后卸前”原则是指，在安装时检测用户系统中是否有其他安全软件产品，如果有则提示用户可能的冲突后果，并提示用户卸载。如果用户不卸载，则明示用户共存后果，或者选择自身不予安装。但先被装载到主机上的安全软件产品，并不监控其他安全软件产品的安装行为，以及进行提示。

② 参见上海交通大学：安全软件兼容性问题白皮书(2011)，资料来源：http://sec.chinabyte.com/415/11966415.shtml，2012年4月2日访问。

③ 见刘德良：网络不正当竞争行为法律草案，资料来源：http://blog.china.com.cn/liu_deliang/art/7970533.html，2012年4月3日访问。

④ 该部门规章已于2012年3月15日开始正式实施。

权的挑战。

第三,安全服务提供商从事的恶意不兼容行为。恶意不兼容体现在几款安全软件间并不存在技术冲突,或这种冲突对用户的影响很小,而厂商为打击竞争对手,刻意在其产品程序中设置障碍,使其与其他产品不兼容。我国《消费者权益保护法》规定消费者享有自主选择权,而这种权利包含了主观真实性和客观自由性两个内涵。恶意不兼容行为使用户在选择安全软件产品时失去了客观自由性,在客观上受到了阻碍或威胁,因此从事该行为应当认定为对用户自主选择权的侵犯。

(3) 强迫用户进行选择

强迫用户进行选择,是指安全服务提供商在其安全软件产品或应用中预先或事后设置程序,通过威胁、警告性的通知或不予通知直接操作等方式强迫用户停止或进行下载、安装、运行、升级其他软件产品或对其他软件进行修改、卸载等行为。

恶意不兼容问题也可能涉及强迫用户进行选择,但主要存在于同类型的安全软件产品之间。在互联网行业中,不同领域的企业间,也可能存在利益纠纷。在免费化的互联网应用时代,用户往往成为不同企业间争夺的重要资源,同时他们也容易成为企业间相互竞争的受害者。那么,在用户使用一款安全软件或服务过程中,既有可能被迫对同类型的安全软件或服务做出选择,也有可能被迫对不同类型的其他软件产品或服务进行选择。这种“被迫”的方式不一定仅通过文字或图像形式发布威胁或警告性的信息来进行,也有可能是由已安装的安全软件直接进行操作。这种“被迫选择”的后果,既包括导致用户无法对其他的软件产品或应用进行下载或安装,对已安装的其他软件产品无法运行或升级,或是直接对其进行修改、卸载、删除或使用户不得不进行这些操作;同时也包括使用户对某些本不愿下载、安装、运行、升级的软件进行操作。

《规范互联网信息服务市场秩序若干规定》第5条明确规定:“互联网信息服务提供者不得实施下列侵犯其他互联网信息服务提供者合法权益的行为:……(四)欺骗、误导或者强迫用户使用或者不适用其他互联网信息服务提供者的服务或产品;(五)恶意修改或者欺骗、误导、强迫用户修改其他互联网信息服务提供者的服务或者产品参数;……”其第七条规定:“……(三)以其欺骗、误导或者强迫等方式向用户提供互联网信息服务或者产品;……(七)未经提示并由用户主动选择同意,修改用户浏览器配置或者其他设置;……”其第8条也规定:“……互联网信息服务者不得实施下列行为:(一)欺骗、误导或者强迫用户下载、安装、运行升级卸载软件;……”这些条款均表明,强迫用户进行选择不仅是一种不正当竞争行为,对其他安全服务提供商的权益造成了损害,同时也是一种侵犯用户权益的行为,是应被禁止的。

从消费者权利层面来看,强迫用户进行选择的行为显然是对用户的自主选择权构成了侵犯。自主选择权的实现，首先要求用户应当在主观上有选择某款安全软件产品或服务的自愿性，其作出某种选择完全是建立在认为该款安全软件或服务可以有效地保护其终端和系统，且安装使用方便、功能齐全的基础上。若用户在安装时需考虑除技术性不兼容等允许存在的其他因素，或是被欺骗、诱导等方式进行了操作，则可认为自愿性条件没有成立。其次，自主选择权也要求用户在选择时拥有客观上的自由性。如果用户是根据内心意志进行的选择，则可以认为满足自由性条件。如果是受意志之外的因素，则视为不自由。从另一个角度说，就是用户进行选择时需要有客观上的可能性。恶意不兼容、强制捆绑安装、强制卸载等情形都是用户客观上无能为力，因此属于自由不能。且这些侵犯用户主观自愿和客观自由的情形，在安全服务领域并非罕见。

除上述三种典型的侵权形式外，还存在其他侵犯用户消费者权利的行为。某些安全服务提供商提供专门用于软件下载的安全通道应用或服务，该服务中会涉及对诸多软件产品和服务的评测（如排名、评价）问题。用户有权了解这些评测的真实依据，有权了解其中是否存在竞价排名情况。安全服务提供商对同类型或不同类型的软件进行评测应当客观公正，不应存在过多的主观评价，不得利用评测的结果欺骗、诱导用户对被评测的软件或服务作出处置，否则一定程度上也可视为对用户知情权的侵犯。

同时，捆绑安装也是一种典型的侵犯用户知情权和自主选择权的情形。用户在购买、安装（尤其是购买）一款安全软件或服务前，有权知悉该产品将会捆绑安装哪些插件或应用，以及这些插件或应用是否为可选择项，这是用户行使知情权的体现。因用户购买、安装的主要目的在于该软件功能本身，而没有选择其他插件或应用的意愿。如果这些插件或应用是强制安装的，就属于侵犯用户的自主选择权。

此外，在用户不知情和不同意的情况下修改用户协议或业务规程也属侵犯知情权。用户在安装安全软件时，通过点击格式合同的方式同安全服务提供商达成了合同关系，这意味着用户只是对安装时协议中的条款表示同意。若安全服务提供商事后修改用户协议或业务规程，而没有对用户进行告知并征得其同意，应当认为是对用户知情权的侵犯。对于修改后的用户协议，用户不受其约束。

这些侵犯用户知情权和自主选择权的行为，我国《规范互联网信息服务市场秩序若干规定》作了详细规定。同时《反不正当竞争法》、《消费者权益保护法》和《民法通则》等也作了具体或原则性的规定。通过法律来保护用户作为消费者所享有的这些权利，具有可行性。

3.3.3 法律责任

我国《消费者权益保护法》在其“法律责任”一章中对经营者侵犯消费者权益行

为的法律责任进行了专门规定。根据该法的规定，安全服务提供商作为安全软件、应用或服务的经营者和提供者，对处于消费者地位的用户所实施的违法侵害行为，将有可能承担民事侵权责任（如第40条、43条、44条等），或行政责任（如第50条、52条等），对于构成犯罪的，甚至要承担刑事责任（如第41条、42条、53条等）。而根据其他相关的法律法规，如《侵权责任法》、《反不正当竞争法》、《广告法》、《产品质量法》等，也均可以对安全服务提供商所从事的这些行为课以民事、行政或刑事责任。但本章主要从民事侵权角度出发，主要探讨民事法律责任。

根据《侵权责任法》第十五条之规定，民事侵权责任的承担方式主要包括：①停止侵害；②排除妨碍；③消除危险；④返还财产；⑤恢复原状；⑥赔偿损失；⑦赔礼道歉；⑧消除影响、恢复名誉。这些侵权责任方式，既可以单独使用，也可合并使用。具体到侵犯用户知情权和自主选择权的情境中，我们认为，安全服务提供商的侵权责任主要有停止侵害、排除妨碍、赔礼道歉和赔偿损失这几种，必要时还包括惩罚性赔偿。

（1）停止侵害用户知情权和自主选择权

停止侵害是指，安全服务提供商实施的侵害用户知情权和自主选择权的行为仍在继续进行中，用户有权依法请求法院责令其停止这种侵害行为。要求承担这一责任形式，必须满足以下几个条件。第一，安全服务提供商所从事的行为侵害了用户的民事权益。第二，侵害用户知情权和自主选择权处于一种持续性的状态。只要用户始终处于一种不了解其使用的安全软件产品或服务真实情况，无论是没有意识到虚假宣传、还是主动要求披露而不能获得结果，都表明用户的知情权处于一种持续被侵害的状态。并且对于恶意不兼容情形，只要这种不兼容结果始终存在，那么用户的自主选择权也是处于一种持续被侵害状态。总之，这种侵权责任是建立在用户知情权和自主选择权受到持续性侵害的基础之上，若不然，不可要求安全服务提供商承担该责任。安全服务提供商承担该侵权责任后，应立即向用户公布其产品或服务的完全、真实性信息，即刻清除恶意的不兼容障碍，或者停止强迫用户进行选择或安装的行为。

（2）排除对用户正常行使权利的妨碍

排除妨碍是指，安全服务提供商所实施的行为使用户无法行使或不能正常行使权益的，用户可要求安全厂商排除妨碍权益实施的障碍。在安全服务中，排除妨碍这种侵权责任形式主要体现在侵犯用户的自主选择权上。这种妨碍主要表现为，用户不能按照自己的主观真实意愿选择需要的软件产品或服务，或者客观上不能进行安装、使用、升级、卸载等操作，或者被迫进行这些操作。要求安全服务提供商承担这一侵权责任形式，需满足以下几个条件。

第一,这种妨碍必须是用户行使自主选择权的障碍。也就是说,排除妨碍并没有要求一定存在危险性,只要是构成了对权利行使的妨碍,受害人就有权请求排除。[①] 显而易见,恶意不兼容和强迫用户选择,都构成了侵犯自主选择权的妨碍。

第二,安全服务提供商所实施的这种妨碍是实际存在且处于持续状态。只要恶意兼容问题没有解决,或者安全厂商所实施的强迫因素没有消失,那么对用户自主选择权的行使就处于一种持续性的妨碍中。

第三,妨碍是不合理的。用户选择一款安全软件,其目的在于保护其终端、系统和数据等的安全。因此用户完全有理由选择其他的安全软件以达到增强安全防护功能,也完全有理由选择安装使用其他的软件。那么,如果用户这种选择的自由被恶意剥夺的话,这种妨碍就是不合理的。另外值得注意的是,排除妨碍和停止侵害在某些情况下所产生的作用是相同的。例如在恶意不兼容的情况下,用户请求排除不兼容妨碍的同时也就就达到了请求停止侵害的效果。但这仅存于部分情境,排除妨碍和停止侵害还是有区别的。请求停止侵害应是建立在权益被侵害的前提之下,而排除妨碍则不然。例如用户了解到其安装的安全软件会同其他软件相冲突,且这种冲突是不合理的,但该用户却尚未进行安装操作。在该种情况下,用户的自主选择权尚未遭受损害,但其为了预期合法利益的实现,可以请求排除软件不兼容这种妨碍。安全服务提供商在被判承担该责任后,应尽快采取措施排除造成用户不能自主选择的技术性障碍。

(3) 向用户赔礼道歉

赔礼道歉是指,安全服务提供商向用户承认错误,表示歉意,以求得用户的原谅。这种侵权责任形式一般用于侵害人身权的情况。人身权,又称非财产性权利,指不直接具有财产的内容,与主体人身不可分离的权利。用户作为消费者,其所享有的知情权和自主选择权就属于人身权所包含的内容。同样,要求安全服务提供商承担该侵权责任形式,需满足:第一,安全服务提供商的行为确实对用户的知情权或自主选择权造成了侵害;第二,安全服务提供商对侵害结果的产生具有过错;第三,也是特别需要注意的一点,即该责任形式以用户的请求为前提。在具体的司法过程中,法官不宜直接判决赔礼道歉,否则就与私法自治的原则相违背。[①] 因赔礼道歉之目的即为获得用户的谅解,若用户没有让安全服务提供商进行道歉的意思表示,则即使法院判决厂商承担该责任,也无法达到让用户原谅的目的。具体到赔礼道歉的方式上,安全服务提供商可以用通知、公告、新闻等形式,通过报纸、电视、广播、门户网站、视频网站等媒体渠道向广大用户做出道歉的表示。该责任的承担完成不以道歉传达至每个用户为标准,而是以安全服务提供商所实施的道歉

① 参见王利明:侵权责任法(上),中国人民大学出版社 2011 年版,第 588 页。

行为从现实看具有传达给每个用户的可能性为判断标准。

（4）赔偿用户损失

赔偿损失，是指安全服务提供商因其侵权行为而给用户造成了财产性损害，应以其财产赔偿用户所遭受的损害。用户既可以单独请求安全服务提供商承担该项侵权责任，也可以在请求停止侵害、排除妨碍和赔礼道歉的基础上再添加赔偿损失的请求。赔偿损失是一项一般的侵权责任形式，只要受到了财产性的损害，都可以请求，同时这也是构成请求赔偿损失的一个条件。并不是所有的用户都有资格依《侵权责任法》或《消费者权益保护法》请求赔偿损失，因为并非所有的用户都受到了财产性的损害。[①] 在安全服务中，我们认为在以下几种情形中，用户有权依法请求赔偿损失。

第一，用户在虚假宣传的情况下购买了其软件产品或服务。在这种情况中，若不存在虚假宣传的行为，用户就不会花钱购买该款安全软件。

第二，用户付费安装、使用了一款安全软件，因安全软件的恶意不兼容或存在强迫用户选择的行为，而使用户不能安装其他软件或使用其他服务的。

第三，安装的安全软件对已安装在用户终端上的付费软件恶意、强制进行卸载、删除等操作的。

第四，安装的安全软件致使用户其他具有财产性质的应用或虚拟物品、货币等无法正常使用的。这些都给用户造成了财产性损失，安全服务提供商在构成侵权的情况下应当对其进行赔偿。我国《消费者权益保护法》第四十九条规定："经营者提供的商品或服务有欺诈的，应当按照消费者的要求增加赔偿其受到的损失，增加赔偿的金额为消费者购买商品的价格或者接受服务的费用的一倍。"这既是一种基于财产性损害的惩罚性赔偿规则，也可以认为是一种损失赔偿规则。虚假宣传本身带有欺诈的性质，对于前述第一种情况，构成欺诈的[②]，可以适用该法来进行救济。

（5）惩罚性赔偿

赔偿损失与损害赔偿不同。从规定上看，我国《侵权责任法》区别了损害和损

---

① 虽然《消费者权益保护法》第43条规定："经营者违反本法第25条规定，侵害消费者的人格尊严或者侵犯消费者人身自由的，应当停止侵害、恢复名誉、消除影响、赔礼道歉，并赔偿损失。"但该规定还是建立在用户在人身自由受到侵犯同时也遭受财产性损失之上的，并不能说明以人身自由受侵犯而能获得财产性的赔偿，且在司法实践中也大致如此。

② 王利明教授认为，欺诈的构成要件为：①主观上须有欺诈的故意，并以诱使对方当事人作出错误的意思表示为目的；②客观上有欺诈行为，包括虚假陈述和掩盖行为。掩盖行为既可以是积极的行为，也可以是消极的行为；③被欺诈人因受欺诈而陷于错误判断；④被欺诈人基于错误判断而为意思表示。（见吴钰：论我国民事欺诈构成要件的完善，载《湖南文理学院学报》（社会科学版）2008年3月第33卷第2期）只要安全服务提供商的行为符合该四要件，即构成欺诈，需承担双倍赔偿责任。

失的概念，损害既包括财产损害也包括非财产损害，但损失仅限于财产损失。[①] 也就是说，赔偿损失包含于损害赔偿，损害赔偿还包括精神损害赔偿和惩罚性赔偿。这就使只有在用户遭受财产性损害时才能请求赔偿损失。而对于安全软件行业来说，这种具有实质预防作用的责任机制是远远不足的。对于消费者而言，不会涉及精神损害赔偿问题。虽然精神损害赔偿也是主要针对非财产性损失，但毕竟用户遭受的不是严重的精神痛苦或肉体痛苦。而惩罚性赔偿作为一种更为严厉的侵权责任形式，可以并应该在我国消费者权益侵权中发挥作用。

在免费安全服务中，用户知情权和自主选择权的实施大部分不会涉及财产损失的问题。但这并不意味着用户这两项权利被侵犯时所受到损害的严重程度就不及财产损害。如用户不知两款安全软件之间存在着技术性不兼容或恶意的不兼容，在安装了这两款软件后频繁出现死机、系统崩溃、误杀文件等情况，对用户的正常操作造成了严重的影响，并有可能造成用户数据的丢失等。这些损害情况或许比单纯的财产损失更严重。而若仅以停止侵害、排除妨碍、赔礼道歉等方式来对安全服务提供商课以责任的话，一方面既不能完全弥补用户所遭受的损害，并使用户的情绪平息；另一方面，也不能对安全服务提供商形成较强的威慑力，起不到对类似侵权行为的预防作用。这是在安全软件免费化大潮下急需考虑的一点。在这种情况下，惩罚性赔偿制度就具有不可替代的优势。

惩罚性赔偿是欧美法的产物，是指加害人以恶意、故意、欺诈或放任之方式实施加害行为而致使被害人受损时，被害人可以获得除实际损害赔偿金以外的损害赔偿。[②] 它的主要目的不在于填补受害人的损失，而是惩罚加害人。其适用也并不以加害人实际遭受了精神损害为前提，只要加害人主观过错较为严重，尤其是动机恶劣、具有反社会性和道德上的可归责性，也有可能负惩罚性赔偿责任。[③] 也可以说，惩罚性赔偿不以产生了财产性损害结果为前提。

我国《消费者权益保护法》第 49 条的规定是对惩罚性赔偿的尝试，但该法规中仅有“欺诈”的行为才可以适用惩罚性赔偿，显然是过于狭窄不能满足现实需要。[④] 尤其是在安全服务中，许多具有恶劣影响和严重危害的行为并不只是发生在具有欺诈性质的虚假宣传行为中。同时，该项规定以发生了实质的财产性损害为前提，这样就又大大限制其可适用的情形。在具体的赔偿数额上，也是以商品的价格或服务的费用为基础，同样不利于惩罚性赔偿在安全服务侵权中的灵活运用，也不利

---

① 参见王利明：侵权责任法（上），中国人民大学出版社 2011 年版，第 603 页。

② 参见朱本霞：英美法系惩罚性损害赔偿制度研究，载《法制与社会》2010 年 9 月（上）。

③ 参见张新宝、李倩：惩罚性赔偿的立法选择，载《清华法学》2009 年第 4 期。

④ 参见张如泉：《消费者权益保护法》中的惩罚性损害赔偿制度研究，湖南师范大学 2011 年硕士学位论文。

于消费者权益的保护。按照成本分析的理论，若安全服务提供商实施这些侵权行为获得的收益值，比其实施这些行为受到的处罚值大，那么厂商会毫不犹豫地选择侵权。而现实情况正是如此，所以我国在消费者权益保护的相关法规中，应该适当扩大惩罚性赔偿的适用范围，以增加其侵权成本。

那么，对于所有安全服务中的侵犯用户知情权和自主选择权之行为，是否都应该课以惩罚性赔偿呢？我们认为，惩罚性赔偿责任不应仅仅限制在欺诈行为上，同时也不能不加限制，其适用范围可以扩展到明显恶意（故意），或重大失误且造成强烈影响的侵权行为中。因为整个安全软件行业尚处于发展期，过重的责任会阻碍行业的发展。安全服务提供商对用户知情权和自主选择权的侵害行为，对虚假宣传中符合欺诈的行为、恶意不兼容行为和强迫用户进行选择这三类，可以适用惩罚性赔偿，而其他的侵权行为主要采取一般的侵权责任形式。这三类行为属于安全服务提供商基于主观明显恶意所从事的行为，需要通过严责来进行遏制。

具体到惩罚性赔偿的数额上，不应仅以安全软件产品或服务的价格为基准。结合张新宝教授的观点[①]，我们认为在赔偿数额的确定上需要考虑以下几点，并在具体司法实践中具体对待。第一，判断安全服务提供商的过错程度。若厂商的过错越高，惩罚性赔偿的数额越高。第二，安全服务提供商的财产状况。一方面这有利于被侵权用户赔偿的实现，另一方面“量体裁衣”式的确定数额也能够达到惩罚性赔偿本应达到的目的。第三，安全服务提供商从其侵权行为中的获利情况。这种获利不仅包括已获利益，还包括可能获得的利益。虽然很多安全软件或服务是免费的，但其给厂商带来的潜在利益可能是巨大的，这点也十分值得注意。

3.4　侵犯用户隐私权

2010 年 2 月 2 日，瑞星向媒体和用户发布新闻，声称 360 安全卫士在安装进用户电脑时，会偷偷开设“后门”。黑客可以利用此“后门”对系统注册表和用户信息（文件）进行任意操作，如读取、修改、删除等。所谓“后门”程序，是指那些绕过安全性控制而获取对程序或系统访问权的程序方法。在软件的开发阶段，程序员常常会在软件内创建后门程序以便可以修改程序设计中的缺陷。但是，如果这些后门被其他人知道，或是在发布软件之前没有删除后门程序，那么它就成了安全风险，容易被黑客当成漏洞进行攻击，并使用户的权益造成损失。[②] 正常的软件发布时

① 参见张新宝、李倩：惩罚性赔偿的立法选择，载《清华法学》2009 年第 4 期。

② 参见百度百科：后门程序，资料来源：http://baike.baidu.com/view/1352.htm，2012 年 6 月 1 日访问。

不应设置“后门”，作为用户终端守护者的安全软件更不应该。瑞星公布 360 安全卫士“后门”技术细节，指出 360 可能存在侵犯用户隐私权等权益，如图 3-2 和图 3-3所示。“一石激起千层浪”，瑞星的举动引发了广大用户与专家的热烈讨论。而 360 在作出回应后，也以恶意诽谤将瑞星告上法庭。最后中国信息安全评测中心于 2010 年 2 月 9 日出具了针对 360 安全卫士的评测报告。根据该报告显示：“360 安全卫士客户端 V6.1.5.1010”通过了漏洞和用户隐私泄露的脆弱性评估测试，结果没有发现漏洞，也没有发现泄露用户隐私。该测试结果表明，“360 安全卫士客户端 V6.1.5.1010”并没有发现有“后门”。①

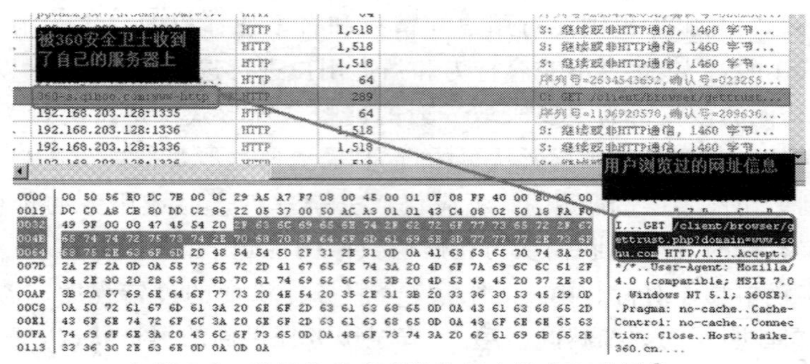

图 3-2　瑞星公布奇虎监控用户技术细节图②

该事件反映出安全服务中另一引人关注的问题——隐私保护问题。在安全服务中，很少有用户会在下载或购买一款产品或服务时去详细了解所使用的安全技术；而安全服务提供商也不见得会将其详细的技术内容通过明确的形式告知用户进行。在以云安全技术为代表的新型安全技术背景下，用户对安全软件产品或服务的技术详情“无知”被不断放大。这种用户与安全服务提供商之间的信息不平等，使厂商总是处于一种优势的地位。如在“360 后门事件”中，简单的一个“后门程序”就可能会使用户的隐私处于一种暴露的状态，而用户本身却对这种可能性毫不知情。同时，安全软件的工作原理决定了它可以获得一张进入用户终端系统的“合法许可证”，但另一方面也使用户隐私等信息被恶意泄露的可能性大大增加。尤其在目前我国对于隐私权及网络隐私权的概念界定不清、保护措施不足的情况下，这个问题更应该受到重视。安全软件对整个终端进行查杀，会对用户的系统和

① 参见百度百科：360 后门事件，资料来源：http://baike.baidu.com/view/3234758.htm，2012 年 6 月 1 日访问。

② 该图显示：当用户使用 360 浏览器访问某个网址时，该网址就会被发送到 360-s.qihoo.com，而且没有加密。也就是说，凡是用户通过奇虎 360 浏览器浏览任何网址，都会被奇虎记录下来。用户毫无隐私可言。（见：奇虎 360 利用“后门”拿走了用户什么，资料来源：http://www.rising.com.cn/about/news/rising/2010-02-05/6679.html，2013 年 4 月 2 日最后访问）

图 3-3 瑞星公布奇虎盗取用户隐私信息图①

文件都进行扫描，这个过程中是否会存在上传情况？上传是否征得用户同意？若存在未经授权的上传行为，且上传的是用户不想为别人所知的信息，那么是否应视为对用户隐私权的侵犯？又如多家安全服务提供商均宣称其产品拥有主动防御功能，而该功能本身就是以对用户程序运行的全面监控为前提。② 若产品通过某种技术将用户的操作行为记录并上传，这又是否构成隐私侵权呢？

3.4.1 侵犯用户隐私权的归责原则和构成要件

1. 归责原则

对于传统隐私权的侵权归责，学界一般认为适用过错责任原则。如张新宝教授指出，国内外学者一般认为，侵害隐私权的侵权责任，是一种基于过错责任原则

---

① 该图显示：360 安全卫士具有“举报可疑文件功能”，通过技术分析可以看到，在 360 安全卫士上传的数据中，不但包括了用户系统的信息，还包括用户安装补丁和用户所安装的软件信息，甚至包含了“招商银行专业版”等软件信息。（见：奇虎 360 利用“后门”拿走了用户什么，资料来源：http://www.rising.com.cn/about/news/rising/2010-02-05/6679.html，2013 年 4 月 2 日最后访问）

② 国内目前具有或宣传具有主动防御功能的安全服务提供商有驱逐舰杀毒软件、微点、金山毒霸、江民等。……主动防御技术在全面监视程序运行的同时，自主分析程序行为，发现新病毒后，自动阻止病毒行为并终止病毒程序运行，自动清除病毒，并自动修复注册表。（参见百度百科：主动防御，资料来源：http://baike.baidu.com/view/463959.htm，2012 年 6 月 1 日访问）

认定的一般侵权行为的责任。[①] 马特教授也认为，侵犯隐私权的行为应当属于一般侵权，适用过错责任原则。[②]

但随着网络社会的发展，网络隐私侵权不断发生，新的侵权主体——网络服务提供商、新的侵权方式、新的隐私内涵等，让学界对过错责任归责原则能否完全适用于网络隐私侵权产生了质疑。关于网络隐私侵权的归责原则，学界出现了三种不同的观点[③]。第一种观点认为，无论从理论还是实践上来看，网络隐私权在基本性质都是传统隐私权的承袭，对网络隐私权的侵权责任仍然适用过错责任原则。过错责任的适用，有利于补偿受害人的损失，受害人的合法权益可以依法得到有效的保护，惩罚侵权行为人，尽量减少网上侵权行为的发生，同时也有利于淳化网络的道德风尚，使过错人承担责任，无过错则不需要承担法律责任，促进网络文明的发展。[④] 第二种观点认为，网络环境下的侵权应该适用严格责任原则，无论侵权人是否存在主观上的过错，均应承担相应的责任。理由在于，网络用户始终处于比较弱势的地位，无过错责任原则能够更好地保障权利人的权益；且网络服务从业者不能以无法控制为由要求免责。[⑤] 第三种观点则认为，网络隐私侵权的归责原则应该以过错责任原则为一般情形；但在信息时代背景下，出现了网络服务提供商这一新兴侵权主体，使得侵权归责原则发生了变化。[⑥] 网络社会隐私权及侵权行为具有极大的复杂性，因此不能简单地适用过错责任原则。张新宝教授在其《互联网上的侵权问题研究》一书中对这个问题进行了探讨，并单独对互联网空间的中间责任(即网络服务提供商的责任)进行了分析。[⑦]

我们认为，对网络隐私权侵权行为，不能简单适用过错责任原则。虽然网络环境下隐私权概念的扩展、侵权行为方式的改变等，对侵权归责原则产生了特别大的影响。但新的主体——网络服务提供商的出现，使在很多情况下，如果只适用过错责任原则，未免会对被侵权人有失公允，同时也不利于网络秩序的正常发展。而严格责任(即无过错责任原则)将过多的责任放置于网络服务提供商身上，也不合理。所以，对于网络隐私侵权行为，应当采用第三种观点。我国《侵权责任法》第三十六条的规定也表明我国对网络侵权不只是简单的适用过错责任原则或严格责任原则。

在安全服务中，虽然涉及的隐私以网络隐私为主，所采用的侵权手段虽在传统

---

① 张新宝：隐私权的法律保护，群众出版社2004年版，第355页。

② 马特：侵犯隐私权责任的构成与抗辩，载《中美法学前沿对话》，中国法制出版社2006年版。

③ 参见杨金丹：网络隐私权的私法保护，吉林大学2010年博士学位论文。

④ 参见屈茂辉、凌立志：网络侵权行为法，湖南大学出版社2002年版，第16页。

⑤ 参见薛红：数字技术的知识产权保护，知识产权出版社2002年版，第155页。

⑥ 王丽萍：信息时代隐私权保护研究，山东人民出版社2008年版，第223页。

⑦ 参见张新宝：互联网上的侵权问题研究，中国人民大学出版社2003年版，第30页。

环境中并不存在,但安全服务提供商同网络服务提供商是完全不同的两个主体。安全服务提供商提供的是直接供用户选择和使用的软件产品、应用或服务,所扮演的并不是第三方服务提供者角色。因此,用户在安全服务中受到的隐私权侵权只可能来自安全服务提供商。所以安全服务中的隐私权侵权问题,与单纯的网络隐私权侵权,在归责原则上还是有所区别的。我们认为,对于安全服务中的隐私权侵权责任的认定,宜采用过错责任原则。

2. 构成要件

安全服务提供商是否侵犯用户隐私权,以及是否应承担相应侵权责任,需满足一定的法律要件。我们认为,安全厂商对用户隐私权的侵权,应符合以下4个要件。

(1) 侵害行为

这种违法性侵害行为是导致用户损害结果发生的前提。首先,安全服务提供商应该是侵害行为的实施者。这种行为既包括积极的作为,也包括消极的不作为。但和对知情权和自主选择权的侵权不同,对用户隐私权的侵害以积极作为为主。安全服务提供商通过安全软件或服务来收集用户的个人敏感信息、对用户的上网行为进行记录、将收集到的数据进行出售等,都是厂商主动实施的行为。其次,安全服务提供商所实施的侵害行为是违法的。侵害网络隐私权的行为,属于违法行为。虽然我国目前仅在《侵权责任法》中提出了"隐私权"这一概念,对网络隐私权也缺乏明确规定。但判断一种行为是否违法,除了看它是否违背法律的明文规定外,还应看其是否违背了法律规定的基本精神和原则,是否违反了公序良俗和社会公共利益。无论是对隐私的侵害还是对网络隐私的侵害,都是违反我国《宪法》、《民法通则》、《侵权责任法》等基本精神和基本原则的。故,安全服务提供商通过安全服务所实施的隐私侵害行为理应属于违法性侵害行为。

(2) 损害事实

隐私权是一种人格权,侵犯这种权利的损害结果主要是非财产性损害(以精神损害为主)。隐私的损害,表现为隐私被刺探、被监视、被侵入、被公布、被搅扰、被干预。只要隐私被损害的事实存在,不必表现为实在的损害后果。[①] 隐私损害事实出现后,受害人经常表现出情绪低落、焦虑不安、羞愧难当等痛苦。它通常不会造成直接的财产损失,但有可能出现间接的财产损害。[②] 而网络隐私侵权一方面可能产生非财产性损害,另一方面也很有可能造成用户的财产性损害。对于非财产性损害,我国最高人民法院《关于确定侵权精神损害赔偿责任若干问题的解释》

---

① 见:隐私权的责任构成要件,资料来源:http://china.findlaw.cn/shpc/jingshensunhaipeichang/ysq/26908.html,2013年4月1日访问。

② 参见张新宝:隐私权的法律保护,群众出版社2004年版,第363-364页。

第1条第二款规定："违反社会公共利益、社会公德侵害他人隐私或者其他人格利益的，受害人以侵权为由向人民法院起诉请求精神损害赔偿的，人民法院应当依法予以受理。"证明我国立法中已经对这种非财产性的损害进行了确认。同时，若安全服务提供商将收集到的用户个人信息出售，而这些信息中包含用户网络游戏账号和密码、网银密码、QQ会员账号和密码等具有财产属性的敏感信息，那么就极有可能对用户的财产造成损失。在网络社会中，网络隐私权更具有财产权的属性。[①] 不管是针对用户个人敏感信息的侵害，还是针对用户个人网络操作行为、个人空间的侵害，都可能在一定程度上对用户造成精神上或财产上的损害。而这也正是隐私侵权成立的一个重要的要件[②]。

(3) 因果关系

因果关系要件要求安全服务提供商所实施的行为要与产生的损害结果间存在逻辑上的联系。其中"因"指安全厂商所实施的违法性侵害行为，"果"指用户隐私权所受到的损害事实。根据相当因果关系说，对于因果关系成立的判断应分两步。首先，判断事实上的因果关系，也称"条件关系"判断。在该步骤中，必须明确损害结果是在侵害行为实施后发生的，没有外来因素的介入。也就是说，必须认定用户所遭受的损害同安全软件所实施的行为具有较强的时间上或事实上的关联，而非安全服务提供商以外的主体所实施。事实上，因果关系在网络环境中判断起来仍较为困难。当隐私损害结果细化到个人层面时，时间上的关联性往往会减弱，此时已难以判断隐私侵权的主体。网络社会是由互联网技术搭建起来的虚拟空间，对于事实上因果关系的判断的精确还需依赖隐私保护技术和电子取证技术的进步。其次是判断法律上的因果关系。法律上的因果关系要求，一种侵害行为通常情况下都可能发生同样的损害结果。法律往往不会针对一种特殊行为产生的特殊的损害去进行规制。如侵犯名誉权的行为必然是造成了被侵权人社会评价的降低，而不是财产损失。同样，对用户隐私权的侵害通常会对用户的精神造成一定的痛苦，而对网络隐私权的侵害往往还会造成财产性的损失。安全服务提供商实施的收集、利用、出售、泄露个人隐私信息，侵入个人空间，监控、记录、上传用户的个人网络操作记录等行为，在一般情形看来均会对用户的心理造成不良影响，同时也存在财产损失的可能，故法律上的因果关系成立。

(4) 安全服务提供商存在过错

侵害隐私权的行为人必须在主观上具备过错，主要是故意，过失不常见。在安

---

① 参见杨金丹：网络隐私权的私法保护，吉林大学2010年博士学位论文。

② 在判断是否造成实质性损害结果时，不能简单以存在数据收集、泄露、出售等行为作为判断准则。有时简单的信息并不会给用户带来实质的损害，但当其与其他信息结合时就可能带来损害。具体情况应具体分析。

全服务中,安全服务提供商实施了侵害用户隐私的行为,多数情况下是明知或能够预见到会给用户带来损害,但却放任损害结果的发生。在网络世界中,用户往往对自己的隐私保护意识不够,在隐私被侵害后通常也不会去寻求救济,[①]再加上我国目前关于隐私保护的法律法规确实有欠完善,这都一定程度上助长了某些安全提供商的气焰。安全厂商通过安装在用户终端上的软件对用户的各种个人信息或行为操作信息进行收集和上传,它在程序设计和产品发布时必定已经对其中可能存在的隐私法律风险进行了评估。尽管没有希望损害结果发生的心理状态,但仍然是构成故意过错。安全服务提供商的过失主要表现为过于自信的过失。它指安全服务提供商能够预见到它的行为会给用户受法律保护的隐私权带来损害,而轻信能够避免这种损害的心理状态。过于自信的过失主要存在于对安全技术的运用方面。如某项不成熟的安全技术,它在安全防护方面能够起到有效的作用,但也有可能在用户不知情的状态下侵入用户的私人空间,如空间、邮箱系统等,或对用户的数据进行误删操作。这也属于安全厂商存在过错的情形。

在判断安全服务提供商是否构成侵权时,还有一点值得关注。传统法学理论认为,侵害隐私权必须是建立在对隐私信息进行了暴露和公开的基础之上,这种暴露和公开不一定是使第三人知道,只要侵害行为的实施人知道了该信息的内容就可构成对隐私的侵害。[②] 在传统社会中,隐私侵害就意味着隐私在被第三人知道之前已为加害人所知,加害行为一般包含了行为本身和加害人获知隐私内容两层含义。[③] 而在信息网络社会中,行为和获知有可能是分开的。如在安全服务中,安全服务提供商通过事先设置的程序收集用户终端上的信息,一般在软件或应用运行状态下就能够进行收集,而在未接入互联网的前提下,这些收集的信息无法传至安全厂商处,这些信息仍然存放在用户的终端上。在这种情况下,行为本身已经实施,而隐私信息却未被暴露或公开,安全服务提供商是否实施了侵权行为呢?根据前述的四要件,显然,在隐私信息仍处于用户终端的前提下安全服务提供商不构成侵权,因为不可能产生损害后果。而这种行为构成一种侵害行为却是毫无争议的。虽然这只是理论上的探讨,但应看到这种情况在网络信息环境中的普遍性,笔者谨在此作出特殊说明。

此外,对于因第三方行为造成安全服务提供商合法收集的信息泄露,对安全厂商应适用过错推定原则。若安全厂商不能证明自己不存在过错,且无法证明泄露

---

① 隐私权的保护不仅仅是政府、行业或企业的责任,用户也应当积极参与其中,提升自我保护意识。参见罗昊:网络条件下隐私权的保护,西南财经大学2011年硕士学位论文。

② 参见蒋淑波:客户管理与我国隐私侵权法律问题探析——兼评360提出腾讯侵害隐私权问题,载《理论探讨》2011年第4期。

③ 不排除也存在特殊情况。如甲某获悉乙某日记本中藏有隐私秘密而偷拿了该日记本,却因故未能查看内容。

信息的第三方,那么安全厂商应当承担侵权责任。安全服务提供商不存在过错的前提是:安全服务提供商对合法收集到的用户隐私信息采取了严格的安全防护和加密措施,且这些措施至少应符合数据库安全防护的一般行业水平。若非如此,则推定其存在过错,承担(或与第三方共同承担)侵权责任。

3.4.2 安全服务中侵犯用户隐私权的表现形式

有学者以侵权动机为标准将网络隐私侵权分为逐利型、猎奇型、泄愤型、恶搞型、虚荣型和自爆型这几种类型。[①] 这体现了网络隐私侵权行为动机的多样性和复杂性。但在安全服务中,若安全服务提供商实施隐私侵权行为,其动机多具有单一性。作为以营利为目的的企业主体,安全厂商所实施的隐私侵权行为多以逐利型为主。在大数据环境下,个人信息或多或少具有一定的商业价值。而安全服务提供商作为安全软件的生产者和服务提供者,完全有能力并有可能在用户不知情的情况下对用户的个人信息及行踪等进行侵犯。同时,在安全服务中,对隐私权的侵犯同时也有可能导致用户的知情权和消费安全权受损。[②]

我们根据用户网络隐私权的客体范围,将安全服务中侵犯用户隐私权的行为分为以下几种。

(1) 针对不愿公开个人信息的侵权行为

该种侵权行为是指,安全服务提供商在未征得用户许可的情况下,通过各种方式对用户的不愿公开的个人信息进行收集、利用或出售的行为。这种侵权行为也是网络隐私侵权中最常见和最广泛的方式。这些信息是指可识别的有关用户个人的任何信息数据,[③]既包括用户作为自然人所享有的传统的隐私权所涵盖的内容,也包括用户在网络社会中所拥有的新内容。安全服务中,针对个人隐私信息的侵权主要包括三种行为。

第一,不当收集用户不愿公开的个人信息。

在安全服务中,有时为了更好地向用户提供服务,或以免费的安全服务作为交换,可以对用户的某些个人信息进行收集。但这种收集必须是建立在具有必要性

① 参加王丽萍:信息时代隐私权保护研究,山东人民出版社 2008 年版,第 79-84 页。

② 比如安全服务提供商在用户不知情的情况下对其个人隐私信息进行收集,既侵犯了隐私权也侵犯了用户作为消费者所享有的知情权;用户使用一款安全软件产品或服务,其目的就在于保护系统和数据不受病毒、木马等威胁,若安全服务实施了类似于病毒、木马的行为,那么用户的数据安全就得不到保障,一定程度上也是对消费者安全权的侵犯。

③ 参见李艳:信息时代个人数据安全保护研究,载《社科纵横》2012 年 6 月总第 27 卷。

以及用户知情和许可的基础之上。[1] 所谓“不当”，就是指安全服务提供商所收集的个人信息超出了改善安全服务之“必要”范围，或者说在用户不知情且未许可的前提下进行了收集行为。信息收集的手段多种多样，而不当收集多以在安全软件或应用中添加额外的程序来实现。

第二，不当利用用户的个人信息。

这其中涉及的个人信息既包括通过合法途径收集的，也包括不当收集而获取的。安全服务提供商可以对合法收集而来的用户信息进行恰当的利用，如通过数据分析，针对不同的用户群体提供不同的安全服务或对安全服务进行改良。但如果这种利用超出了限度，对用户的网络活动带来了困扰或不便，就可能构成侵犯用户隐私权。如通过收集而来的用户电子邮箱进行广告推送活动。

第三，非法出售用户个人信息。

个人信息交易是我国目前隐私保护面临的一个严峻挑战。根据《中国互联网信息安全地下产业链调查》报告显示，2011 年中国互联网信息安全产业链造成的总体损失超过 53.6 亿元，监测到地下黑市参与者人数超过 9 万人。在此产业链中，网络用户的个人数据（如账号密码、身份证资料、银行卡密码等）成为最大的牺牲品。[2] 安全服务提供商通过合法或不当的方式收集到了用户的个人信息，在经济利益的驱使下，将这些信息作为商品出售给别的主体。一旦出售，后果将不堪设想，用户的权益将受到严重侵害。不管这些信息是否曾为用户公开，对其进行出售的行为都属于侵犯用户隐私。

此外，侵犯用户隐私权还包括对用户个人信息的泄露行为。前面提到的几种行为，主要以追逐经济利益为目的。而个人信息泄露多是因安全服务提供商的过失或不当而造成用户的隐私权被侵犯。如因黑客攻击服务器而造成厂商合法收集的用户隐私信息泄露，这种情况并非安全服务提供商刻意为之。但既然安全服务提供商通过合法的方式收集了用户的个人信息，那么就应当采取安全保障措施来保障安全。如果因此而造成用户受到侵害，那么信息的收集者也应当承担一定的间接侵权责任。虽然安全服务行业目前没有严重的案例出现，但 CSDN 密码泄露

---

① 奇虎 360 发布的《360 用户隐私保护白皮书》中对收集的具体数据以及必要性进行了明示，具有一定的积极意义。根据该白皮书，360 将用户终端中的信息分为三类：系统信息，软件信息和用户信息。其中用户信息又包括用户的直接联系信息（如姓名、邮箱、电话等），用户自然信息（如性别、生日、性取向等），用户社会信息（如身份证号码、社保号码等），用户社会网络信息（如通信录、电子邮件、聊天记录等），用户财务信息（如信用卡号、银行账单等），用户虚拟空间信息（如用户名、密码等）这几类。360 申明，因软件运行必要，会对用户的系统信息和软件信息进行收集，而对于用户信息不会收集。（见：360 用户隐私保护白皮书，资料来源：http://www.360.cn/privacy/v2/index.html，2012 年 5 月 24 日访问）笔者认为，这对于用户知情权和隐私权的维护是有利的，但对用户系统信息和软件信息的收集也应以“必要”为限；同样，在必要且获得用户许可的前提下，对某些用户信息也可以进行收集。

② 参见诸葛建伟、谷亮、段海新：中国互联网信息安全地下产业链调查，2012 年。

事件的教训值得谨记。[①]

（2）针对个人网络行为的侵权行为

针对个人网络行为的侵权是指，安全服务提供商所提供的安全软件、应用或服务，监控、记录、上传用户在网络上的操作行为，或者对用户所从事的与公共利益无关的个人网络行为进行阻碍、中断的行为。它同针对个人不愿公开的数据信息的侵权行为存在重合之处，但该种侵权行为侵害的对象侧重于网络行为本身，而非行为所承载的信息。这种行为主要表现为对用户的网络活动如网络消费、远程操控、页面浏览、网上聊天过程等进行监控、记录、分析和利用。该侵权之目的在于对用户的网络习惯进行分析，从中寻找商业价值。在用户不知情且未授权的情况下，只要安全服务提供商实施了该类行为，就构成对用户隐私权的侵犯。

（3）针对个人空间的侵权行为

针对个人空间的侵权是指，安全服务提供商提供的安全软件、应用或服务，在用户不知情或未许可的情况下进入了用户的个人空间或私人领域，或者对用户的个人空间进行监控等控制行为。这里所指的个人空间或私人领域包括用户的终端、邮件系统、网上空间、网盘等。因安全软件或应用功能的特殊性，需要对用户的终端和系统进行扫描和监控。但是否意味着用户的终端就不是个人空间了呢？我们认为并非如此。用户的终端始终属于用户的私人领域，若在用户与安全服务提供商的协议中没有明确指出需要进入终端和系统或对其进行实时监控，且没有明确提及可能涉及的范围，也有可能构成侵权。对于用户的邮件系统和网盘等，若未征得用户许可，亦不能非法进入。即使用户的这些领域存在病毒、木马等不安全威胁，在没有获得许可的情况下，安全软件或应用也不应进行查杀操作。

（4）云查杀中的隐私侵权

安全软件云查杀，是近几年云计算兴盛过程中诞生的新概念。云计算技术的不断发展和在各类应用中的普及，在带来技术优势的同时，也带来了安全隐患。据专业机构调查显示，中小企业在选择云计算技术时，首要的顾虑就是安全和隐私问题。对于个人用户而言，也同样重视个人信息安全和个人隐私安全。[②]虽然存在重重顾虑，也阻挡不住该新计算技术的潮流。目前已有多家安全服务提供商将该技术运用到安全服务中来，开发出多种云安全技术。

其实安全软件的云查杀同传统的病毒查杀模式并无本质差别。以瑞星的云安全技术为例：用户安装“瑞星卡卡”后，病毒一旦感染用户终端，就会被“云安全”捕获，上传到服务器，几秒钟之内，系统会把结果反馈回来，用户可以利用“云安全”客户端杀掉该病毒，同时这个分析结果也会被分享给其他的用户，使他们不会再被该

① 2011年12月，中国最大的开发者技术社区CSDN网站600万用户的密码遭泄露。

② 参见文杰、吴玉民：站在云端的SaaS之云安全（上），载《中国建设信息》2012年第14期。

病毒感染。[①] 该种云查杀技术将原本放置在终端上的病毒库换到了云端，并能够借助强大的计算能力对新的病毒、木马进行处理。其中的隐私侵权风险在哪里？首先，正如互联网法律专家于国富所言："目前并没有一个比较权威的云技术标准。"[②]也就是说，使用云查杀的安全服务提供商在没有规则约束的前提下，哪些信息不能够收集、收集应当采取何种形式、对于用户的告知形式如何、用户拥有哪些权利、必须采用哪些安全技术等这些都是不明了的，于是就可能导致对用户的个人隐私信息、个人网络行为等进行非法的收集和利用或者泄露。[③] 瑞星的云安全技术需要用户安装"云安全探针"，通过该探针去对异常的木马、病毒信息进行收集并上传到"云安全"服务器。[④] 如果某些安全服务提供商将这种"探针"用于不良之目的，势必会对用户的隐私构成极大的威胁。而且将用户的隐私信息上传到云端，其泄露的风险又将大增。其次，安装了云查杀客户端的计算机会根据云端服务器的指令查杀任何符合云端指令的程序或者文件，云端服务器的控制者掌控着"生杀予夺"大权。[⑤] 在这种情况下，云端的失误或故意针对某种隐私信息、文件的上传、误删等操作将影响到整个云安全系统，系统中用户隐私信息的完整性和安全性在此毫无自保之力。总的来说，云查杀中可能涉及的隐私侵权主要集中在对个人信息和个人网络行为上。在具体的侵权形式上，并无太大改变，但在侵权方式和侵权的结果方面，产生了一些新的特点。

安全软件或服务的产生和发展，要得益于源源不断的来自终端、网络、信息等安全维护的需求。但如果当安全软件本身转变为一种安全隐患时，用户的权益乃至整个网络社会的安全该何去何从呢？现在世界各国普遍将流氓软件、间谍软件认定为安全威胁。如美国犹他州通过立法——《间谍软件控制法》来规制间谍软

---

① 参见：趋势深度解析云安全，资料来源：http://wenku.baidu.com/view/d008d92fe2bd960590c677e2.html，2012 年 7 月 2 日访问。

② 吕斌：云技术泛滥之忧，载《法人》2010 年第 12 期。

③ 我国不仅相关隐私立法滞后，在个人隐私保护标准上也存在缺陷。虽然各安全服务提供商一再强调自己的产品不会窥探用户电脑的相关数据，但却难以让用户信服。如果有了用户个人隐私保护标准，安全产品将受到标准的监督，用户的顾虑也会打消。所以要想真正保护用户的个人隐私，标准和立法都是不可或缺的保障。（参见贾敬华：隐私——中国互联网的 2012，载《互联网天地》2012 年第 3 期）

④ 孙红：论"云安全"在杀毒软件中的应用，载《信息安全通信保密》2009 年 8 月。

⑤ 吕斌：云技术泛滥之忧，载《法人》2010 年第 12 期。

件。[1] 该法对间谍软件的认定要件进行了详细的描述。[2] 从安全服务中可能存在的隐私侵权行为来看,若一款安全软件或应用存在前述的不当收集、利用等行为,那么根据美国犹他州的这部立法,就可以被认定为间谍软件。因此,安全服务提供商在考虑其经济利益的同时,也应把握其行为的尺度,将用户隐私保护做到实处,避免走入间谍软件、流氓软件的歧途。

3.4.3 侵犯用户隐私权的法律责任

我们认为,安全服务提供商的侵权责任以停止侵害,赔礼道歉,消除影响、恢复名誉,赔偿损失为主,但同时还应包括精神损害赔偿。

(1) 停止侵害用户隐私权

安全服务提供商实施的侵害用户隐私权的行为仍在继续进行中,用户有权依法请求法院责令其停止这种侵害行为。要求承担这一责任形式,须满足两个条件。第一,安全厂商所从事的行为侵害了用户的隐私权益。如果安全厂商存在对用户的个人敏感信息、网络操作行为痕迹进行不当收集和使用的行为,或非法侵入用户的个人虚拟空间,那就构成对用户隐私权益的侵害。第二,安全服务提供商侵害用户隐私权的行为处于一种持续性状态。只要安全软件中存在的恶意收集用户数据信息的代码程序始终存在,就可认为这种侵害隐私权的行为处于持续性状态,据此用户就可向法院请求停止侵害。若用户向法院请求救济时,持续性的状态中断,则不能请求该项责任承担方式。安全服务提供商承担该项责任形式后,应尽快采取措施停止一切侵害用户隐私权的行为。

(2) 向用户赔礼道歉

隐私权,作为一种典型的人身权利,当其受到侵害时,赔礼道歉是十分必要的。要求安全服务提供商承担该侵权责任,需满足两个条件。第一,安全厂商的行为确实对用户的隐私权造成了侵害。第二,安全厂商对侵害结果的发生具有过错。第三,该种责任形式的承担以用户的请求为前提。但同用户知情权和自主选择权侵权中的赔礼道歉不同,隐私权侵权责任中的赔礼道歉不宜采用通知、公告、新闻等

---

① 详见刘晓燕、马民虎:美国犹他州《间谍软件控制法》评鉴,载《网络安全技术与应用》2004 年第 8 期。

② 该法认为构成间谍软件需满足消极和积极的要件。消极的要件包括 2 点。(1)没有在软件安装时或软件安装后执行相应功能时以以下方式获得用户的同意:①许可协议的形式,以易懂的语言,全面描述软件将收集并传送的信息的具体种类;②列明并举例说明将要传递的每类广告;③真实地说明每类广告的传送频率;④告知本软件产生的广告和其他软件产生的广告的区分方法;(2)没有提供一种标准的、常规的、便于操作的方法,使得用户能迅速并简便地禁用或卸载其软件;并且软件的卸载对计算机上与本软件不相关联的其他软件不会产生影响。积极要件包括 3 点。(1)监视用户对电脑的使用情况或计算机中的信息并将之传送到远程的计算机或服务器上;(2)直接对用户计算机弹出广告或根据上述收集的用户的操作记录进行分析进而对不同习惯的用户进行个性化的广告的弹出。(3)弹出的广告将使得网站的正规付费广告或内容部分或全部被屏蔽或模糊不清。

形式，通过报纸、电视、广播、门户网站、视频网站等媒体渠道向被侵权人作出道歉。最好以不公开的方式进行，否则将会造成事与愿违的效果，即公开的赔礼道歉过程会变成进一步宣扬、披露或传播受害人隐私信息资料的过程，使受害人本来已受到伤害的心灵再次受到伤害。[①]

(3) 消除对用户的不良影响、恢复用户名誉

消除影响是指，安全服务提供商因其侵害了用户的隐私权而应承担的在影响所及的范围内消除不良后果的一种责任形式。恢复名誉是指，安全服务提供商因其加害行为而使用户的名誉受损，应在影响所及的范围内将用户的名誉恢复至未受侵害时之状态的一种责任形式。传统侵权法认为，承担这两项责任形式，需满足两个条件。第一，必须是对人格权造成了侵害。第二，对被侵权人的社会声誉等造成了不良影响。[②] 隐私权属于人格权范畴，同时隐私权被侵害也有可能导致社会声誉受到不良影响。但是，王利明教授在其书中也提到，一般消除影响、恢复名誉仅适用于名誉权侵权的情形。隐私权一旦受到侵害、扩散出去，则受害人的隐私为外界所知，即便侵权行为人试图消除影响、恢复名誉，也不可能恢复隐私的隐秘状态。[③] 在网络环境中更是如此。我们认为，尽管如此，安全服务提供商在实施了隐私权侵权行为并造成了用户受侵害的情况下，仍然可以适用该项责任形式。虽然无法使隐私恢复到隐秘状态，但只要安全服务提供商采取措施把这种影响程度降到最低，对用户来说也是具有救济意义的。

(4) 赔偿用户损失

这是《侵权责任法》中明确规定的责任承担方式，以产生财产性损害为前提。在传统隐私侵权中，损害往往集中在非财产性损害上。同样在网络隐私侵权中，也主要是非财产性损害。但在一些情况下，可能造成财产性损失。如安全服务提供商不当收集的信息中包含了用户的QQ账号密码、网游账号密码等，而用户在这些账户中投入了金钱，当这些信息泄露或是被出售后，用户损失了这些账户中的具有金钱价值的虚拟物品或装备时，就可认为是因隐私权被侵犯而造成的财产性损害。在这种情况下安全服务提供商就应承担赔偿损失的侵权责任，赔偿的数额以用户损失的数额为基准。

(5) 精神损害赔偿

安全服务中的隐私权侵权行为，给用户带来的主要是非财产性的损害。对于隐私的侵害，有可能造成用户精神上的痛苦和煎熬，因此，有必要考虑将精神损害赔偿作为一种侵权责任形式来惩罚安全服务提供商。

---

① 参见张新宝：隐私权的法律保护，群众出版社2004年版，第371页。

② 参见王利明：侵权责任法(上)，中国人民大学出版社2011年版，第606-608页。

③ 王利明：侵权责任法(上)，中国人民大学出版社2011年版，第606页。

所谓精神损害赔偿，是指自然人因人身权益受到不法侵害而导致严重精神痛苦，受害人因此可以就其精神痛苦要求金钱上的赔偿，以对受害人予以抚慰并制裁不法行为人。[①] 我国《侵权责任法》第22条规定："侵害他人人身权益，造成他人严重精神损害的，被侵权人可以请求精神损害赔偿。"该条法规即是对精神损害赔偿的明确规定。同时，最高人民法院《关于确定侵权精神损害赔偿责任若干问题的解释》第1条第二款规定："违反社会公共利益、社会公德侵害他人隐私或者其他人格利益的，受害人以侵权为由向人民法院起诉请求精神损害赔偿的，人民法院应当依法予以受理。"第8条第二款规定："因侵权致人精神损害，造成严重后果的，人民法院除判令侵权人承担停止侵害、恢复名誉、消除影响、赔礼道歉等民事责任外，可以根据受害方的请求判令其赔偿相应的精神抚慰金。"这些都表明，只要给被侵权人带来严重的精神损害的，均可向法院请求精神损害赔偿。

在安全服务的隐私侵权行为中，是否采用精神损害赔偿应当根据侵权的情形而定。一般而言，仅仅对普通个人信息的收集和使用并不会给用户带来严重的精神痛苦，此时就不适用精神损害赔偿。只有在用户感受到十分严重的精神痛苦时，才能请求该种救济。但是在现实情况中，严重的精神痛苦是一种主观感受，往往难以判断。我们认为，在认定该种精神痛苦程度时，可以考虑以下几点：个人信息的隐私程度，个人信息的传播范围，引起的网络舆论强度等。这些客观的条件在一定程度上能够帮助判断精神受损的程度。

精神损害赔偿的功能在于对用户进行抚慰，对安全服务提供商进行惩罚和教育，而不是对用户的直接财产损失进行赔偿。但是对安全服务提供商的这种带有惩戒性质的精神损害赔偿方式，在惩罚的同时也应加以限制，以免对整个行业形成打击。根据王利明教授的观点，关于精神损害赔偿数额的确定，需要考虑以下几点[②]。第一，需要考虑过错程度。应根据过错程度来决定赔偿的数额。第二，需要考虑实施侵权的手段、场合、行为方式等具体情节。如其采用变相调查问卷形式进行信息收集与采用恶意代码程序进行收集相比，前种行为更加温和，后种则更应受到惩罚。第三，需要考虑用户受到的损害后果程度。也就是用户遭受的精神痛苦的程度。第四，安全服务提供商所能承担的经济能力。

3.5 安全服务中的产品责任问题

产品责任，是指因产品缺陷造成他人的财产或人身损害，产品的生产者和销售

① 王利明：侵权责任法（上），中国人民大学出版社2011年版，第652页。

② 参见王利明：侵权责任法（上），中国人民大学出版社2011年版，第669-670页。

者对受害人承担的严格责任。[①] 安全服务中的产品责任问题是指，因安全软件或应用本身的缺陷致使用户财产或人身受损，即使没有过错，安全服务提供商作为生产者和销售者对用户应承担责任。

但在论述严格责任之前，首先需解决一个问题——即安全软件或应用是否属于产品？关于电脑软件或互联网应用是否应当被认定为产品，目前学术界并无定论。[②] 我国《侵权责任法》第五章虽然对产品责任进行了规定，但却未对“产品”进行界定。我国《产品质量法》第 2 条第二款对“产品”进行了定义：“产品是指经过加工、制作，用于销售的物品。”根据该款规定，可知“产品”必须符合两点要求。第一，必须是经过加工、制作的物；第二，必须是用于销售。而按照这两项条件，安全软件或应用就不能称之为“产品”。在我国，计算机软件通过《计算机软件保护条例》以著作权的方式进行保护。然在互联网经济日益繁盛的背景下，软件和应用产品层出不穷，质量也参差不齐。《计算机软件保护条例》侧重于对软件或应用作者的著作权权益的保护；《产品质量法》如坚持传统的定义将不利于整个产业软件质量水平的提升。虽然我国对软件产品制定了国家标准，但标准在事后维护用户权益方面能起的作用实在有限。我们认为，《产品质量法》中关于“产品”的定义在网络时代下应当与时俱进——软件和应用同样是经过加工、制作且付出了人类劳动的成果，也应属于产品。这样就将软件产品或应用纳入了《产品质量法》的规制范畴。安全软件产品或应用是人类劳动的产物，无论用户通过付费方式获取，还是通过免费途径下载或使用，都应当纳入“产品”的范畴。

其次，何谓产品缺陷？《产品质量法》第 46 条对产品缺陷进行了明确解释：“本法所称缺陷，是指产品存在危及人身、他人财产安全的不合理的危险；产品有保障人体健康和人身、财产安全的国家标准、行业标准的，是指不符合该标准。”对于安全软件或应用来说，产品缺陷即指：安全软件或应用本身存在漏洞、错误等缺陷[③]，未能符合国家关于安全软件产品的行业、国家标准，[④]使用户人身、财产安全遭受危险；未能正常发挥安全防护功能，给用户的人身或财产造成损害。[⑤] 技术上的不兼容也属于一种产品缺陷，但考虑到技术水平的限制性，此处要强调的产品责任主要限于因缺陷而未能发挥其本身功能，并给用户带来损害或不合理危险的安全软件或应用产品。如用户安装的安全软件因存在错误而将用户终端上的文件删除，

① 参见刘静：产品责任论，中国政法大学出版社 2000 年版，第 6 页。

② 参见王利明：侵权责任法（下），中国人民大学出版社 2011 年版，第 212 页。转引自［德］马克西米利安·福克斯：侵权行为法，第 304 页。

③ 软件缺陷产生的原因很多，其中既包括设计团队和项目管理上的原因，也包括技术上的原因（包括算法错误、语法错误、计算和精度问题等），笔者此处所指的缺陷主要源于故意以外的原因。

④ 如信息安全国家标准的相关要求。

⑤ 并非由于用户自身原因而导致软件或应用不能正常运行。

或因其存在漏洞而导致关键的隐私信息泄露等。

在产品责任的归责上，适用的是严格责任原则，也称无过错责任原则。也就是说，只要是因为安全产品缺陷而给用户带来了损害结果，安全服务提供商无论是否存在过错，都应承当相应的法律责任。《侵权责任法》第五章对生产者和销售者的严格责任规定得很明确，因安全服务中，安全服务提供商既是生产者，大多数情况下也是直接的销售者，故在此仅讨论安全服务提供商这一侵权主体。对安全服务提供商采用严格责任的原因在于：用户始终处于相对弱势的地位。前文在论述知情权、自主选择权以及隐私权时曾提及，安全软件行业发展应与消费者权益保护在博弈中达到平衡，采用过错责任的方式是形成平衡的最佳选择，因为对上述几项权利的侵权确实同侵权主体的主观心态关系紧密。而产品缺陷不同，大多数情况下并非厂商主观过错所致。若继续适用过错责任原则，用户的权益将无法保障。同时，缺陷的产品往往具有较高的危险性，其导致损害的概率也较高。只要用户使用了这些具有缺陷的产品，受到损害的概率就十分大。近年来因软件和应用漏洞而导致的个人信息和隐私泄露事件所引发的严重影响就是最好的说明。因此，采用严格责任原则有利于督促安全服务提供商在程序设计时尽量控制缺陷的产生。

因安全产品缺陷而导致损害结果产生，安全服务提供商应承担侵权责任。被侵权用户有权请求安全服务提供商承担排除妨碍、消除危险等具体的责任形式。安全服务提供商发现其产品存在缺陷的，应当及时采取警示、召回等补救措施，同时尽快发布补丁、升级包等进行修复。未及时采取补救措施或者补救措施不力造成损害的，应当承担侵权责任。

第4章　安全软件市场监管

4.1　监管的理论基础

我国的互联网发展速度已经远远超过它现在的体制建构，网络管理与网络应用程度始终停留在一个较低的层次上，基本上处于自由发展。企业间缺乏生态意识，产业链的可持续发展能力弱，行业的透明度低，这些都冲击着现有的网络秩序，导致互联网失范现象严重、各种问题层出不穷。[①] 再加上市场机制的不健全，和行业规范的严重缺失，给互联网的监管带来了挑战。尤其对安全软件行业而言，随着技术的发展与普及，安全软件产业覆盖的范围已大大扩大，包括杀毒、修补漏洞、防火墙、入侵检测、系统评估、风险评估、误删恢复等功能，安全软件如同网络世界的监控报警装置，成为互联网使用者不可或缺的“上网装备”。[②] 安全软件行业在快速发展的同时，一些新的问题也不断涌现，侵犯用户权益和不正当竞争行为时有发生。当然，造成这种现象的原因有很多，如我国的安全软件市场发育不成熟，交易规则不健全，市场资源分配不合理等。安全软件行业的健康和规范发展应建立在完善的市场机制之上，尤其是在相关制度和立法在短期内不能得到完善的情况下，为了保护消费者的利益和规范安全软件市场秩序，有效的市场监管就有重要意义。

4.1.1　市场监管的原因

1. 市场监管的必要性

(1) 安全软件产品质量参差不齐

安全软件类产品包括杀毒软件、反密码窃取软件、防火墙、间谍软件移除工具等，而且随着技术和行业的发展，还会有新种类的安全软件产品的产生。但由于安全软件行业的立法和市场监管不到位，导致市场中现有的安全软件质量参差不齐，鱼目混珠。为了扩大市场份额，安全软件生产企业不断地进行研发并推出新的产品，以迎合市场以及消费群体的需要，利用各种手段进行产品推广，市场上的安全

---

① 范以锦、袁端端：从“3Q之争”反思国内互联网秩序的构建，载《今传媒》2010年第12期。

② 朱秀梅：改善我国互联网安全服务规制，载《中国电信业》2011年第4期。

软件种类也日益增多。在这个竞争激烈的市场中，为了各自的利益，不免会出现一些质量瑕疵、内容缺陷的产品，甚至有些安全软件根本不能保护用户系统的安全，而是借安全软件之名进行软件推广，致使网络用户错误地选择一些质量低下、功能瑕疵的安全软件进行安装，导致自己系统的安全性得不到保障，权益受到侵害。因此，就需要对这种行为予以制止，对安全软件市场进行监管，“宣称私人利益和社会利益必定会相互一致，这是没有根据的”，[①]市场监管的过程就是相关市场主体利益取舍的过程，而市场的规范发展则是市场参与者与监管者之间围绕制度与违规的一系列重复博弈的结果。

（2）网络用户权益受到侵害

在互联网行业发展的过程中，市场自身虽具有一定的自愈功能，但其并不能克服其自身发展中的所有缺陷，市场风险时有发生。如由于市场的竞争本质的存在和各安全软件生产企业之间信息的不对称等原因，使得安全软件生产企业在市场竞争中以及在自身发展中存在盲目性，此外，对经济利益的追逐也会导致他们会进行违法经营或不正当竞争，而大多数网络用户对安全软件及其引起的问题的判断能力和辨别手段明显不足，致使安全软件市场中存在大量的利用安全软件侵犯消费者权益的现象。

安全软件在保护用户免受侵扰的同时，也存在着被滥用的较大风险，可能引发不正当竞争、损害用户利益以及遏制技术创新等问题。[②] 如用户在使用安全软件的过程中，知情权、选择权、隐私权、损害赔偿请求权等权利有可能受到侵犯。如一些安全软件在保护用户系统的时候，会对用户的系统进行扫描和实时监控，并且在保护用户系统的过程中，可能未通知用户或未经用户同意而擅自上传用户计算机系统中储存的文件。另外，有些安全软件还具有监控、收集用户操作习惯的功能，如果没有实现告知用户并得到用户的许可或同意这一功能，这无疑也会严重侵犯用户的隐私权。在上述过程中，用户的知情权不但没得到保证，隐私权也遭到了严重的侵害，而且在这种情况下用户的权利救济也很难实现，当然造成上述情况的原因一方面是由于相关法律的严重缺失，另一方面是由于行政监管的缺位，致使企业的经营行为不受约束与监督。在整个安全软件市场发展过程中，“由于卖方市场、信息不对称、势力不均衡、垄断等原因，颠倒了经营者与消费者的关系，削弱了消费者的主权地位，消费者成了弱势群体。所以，要保障消费者的合法权益，就必须依法监管市场，监管市场的目的是为了保证经营者、市场、商品服务更好地为消费者服务。”[③]

---

① ［英］凯恩斯：预言与劝说，赵波等译，江苏人民出版社 1999 年版，第 313 页。

② 朱秀梅：改善我国互联网安全服务规制，载《中国电信业》2011 年第 4 期。

③ 邱本：论市场监管法的基本问题，载《社会科学研究》2012 年第 3 期。

(3) 市场竞争无序

我国的互联网行业发展迅猛,但通常情况下企业的发展都是以"相互断杀"为代价的,不当竞争成了解决问题的常用办法。尤其对安全软件行业而言,市场资源分配不合理,市场份额主要集中在几家企业,导致了它们对安全软件市场占有较大的优势地位,在经济利益的促使下,很容易发生不正当竞争。另外,不正当竞争行为还包括利用安全软件恶意对其他互联网信息服务提供者的产品或服务的安全、隐私保护、质量等性能自行进行评价和测试并发布结果,如通过后台的操作给其他企业生产的软件一些差评,或直接将其他企业生产的软件或一些外挂软件认定为"木马病毒"或"恶意插件"而直接删除,以此打击对手来扩大自己的市场份额。对此,工业和信息化部发布的《规范互联网信息服务市场秩序若干规定》已有明确规定:"对互联网信息服务提供者的服务或者产品进行评测,应当客观公正。评测方公开或者向用户提供评测结果的,应当同时提供评测实施者、评测方法、数据来源、用户原始评价、评测手段和评测环境等与评测活动相关的信息。评测结果应当真实准确,与评测活动相关的信息应当完整全面。被评测的服务或者产品与评测方的服务或者产品相同或者功能类似的,评测结果中不得含有评测方的主观评价。被评测方对评测结果有异议的,可以自行或者委托第三方就评测结果进行再评测,评测方应当予以配合。评测方不得利用评测结果,欺骗、误导、强迫用户对被评测方的服务或者产品作出处置。"

我国互联网产业低水平竞争之怪现状,法律无保障和程序无正义是行业混乱无序、竞争不择手段的根本原因。[①] 现行《反不正当竞争法》已无法和互联网行业的发展状况相适应,不能有效地约束各市场主体的经济行为并准确界定各种市场行为的违法性。在一个网民数量已经位居世界首位,网络型社会雏形初显的国家,如何对网络进行有效监管,如何健全网络法律法规,如何保护广大网民的根本利益,进而最终促进网络的健康发展,是摆在我们面前的现实问题。[②]

2. 安全软件市场监管的意义

(1) 弥补安全软件市场风险

市场监管是国家对市场进行调控的重要手段之一,对于优化市场资源配置、降低市场风险、预防市场失灵、提高市场效率有重要的作用。安全软件行业在发展中遇到的市场风险可以概括为两类,一是市场自身发展所不可避免的风险,如因市场的盲目性、滞后性造成的;二是人为因素造成的,如虚假宣传、诋毁商誉、利用市场优势地位进行的不正当竞争行为等。市场监管可以有效地规范安全软件市场行为和弥补市场缺陷,引导安全软件市场主体的行为,保证安全软件市场的正常发展。

---

① 任达轩:"3Q大战"——对互联网产业发展的反思,载《北京教育(德育)》2010年第12期。

② 宣海林:专家学者谈360与腾讯之争,载《中国审判》2010年第12期。

但由于法律的自身特性，使得单靠法律的力量来规范安全软件的市场秩序是远远不够的，一是法律难以随着社会的快速发展而得到及时的修订，二是法律条文的僵化性、局限性，难以覆盖到安全软件市场的各个方面，尤其是处理经营中的实际问题时。市场监管相对于法律规制而言，具有更大的灵活性和柔韧性，依据不同的情况采取不同的监管政策，及时解决安全软件市场发展中遇到问题，降低安全软件市场风险，提高了规范市场的效率。高效的市场监管可以弥补安全软件市场自身发展中的缺陷，对安全软件市场风险进行积极的、主动与被动相结合的、事先预防与事后处理相统一的监管，及时发现并纠正市场中的不当行为。因此，市场监管是弥补安全软件市场风险的有效途径，其可以大大降低安全软件行业的市场风险。

(2) 有助于安全软件市场的开放与发展

市场监管是“政府为克服市场失灵而采取的种种有法律依据的行为，其目的是弥补市场失灵给市场经济运行带来的消极后果，以提高资源配置的效率，维护公共利益”。[①] 网络给安全软件行业的发展带来了无限的机遇，同时也带了新的挑战，市场风险越来越多，处理不当会影响整个行业的发展。经济的发展、社会的进步离不开市场的安全与稳定，市场风险是影响市场安全与稳定的因素之一。通过设置市场准入制度，让更多的适格主体、产品或服务参与市场的竞争，增加市场的竞争活力，提高市场的开放度；设置信息披露制度，使整个行业的发展更加透明，防止暗箱操作和不正当竞争行为的发生；设置市场危机处理和市场退出机制，合理、高效地处理市场危机，将不适格的市场主体逐出安全软件市场，提高市场竞争的质量，有利于安全软件行业的整体发展。在安全软件行业发展的过程中，及时、有效的市场监管可以提高市场的抗风险能力，弥补市场的不成熟、机制不健全、法律的严重滞后等缺陷，将市场风险消灭在萌芽中。从结果方面考虑，市场中产品质量保证和不当行为的减少，可以促进安全软件市场更加开放，竞争更加公平。所以市场监管有利于促进安全软件市场的开放与发展。

(3) 保护市场主体的合法权益

市场监管通过运用限制、约束的手段，禁止一些不符合安全软件市场安全最低标准的企业、产品进入市场，但实际上它并没有阻碍安全软件行业的发展，它所限制的是不合格主体或者产品，保护的是具备一定标准的主体或产品。市场主体参与市场经营的目的就是为了获利，也就是市场主体实现利益最大化，但这要有个前提就是市场健康、安全、稳定的运行，不允许任何市场主体以任何方式来损害市场的正常秩序，包括任何引发、扩散市场风险的行为，这是保护市场主体利益的需要，也是法治社会的必然要求。通过市场监管，可以引导企业良序竞争，制止不正当竞

① 侯怀霞、张慧平著：市场规制法律问题研究，复旦大学出版社 2011 年版，第 9 页。

争,将市场风险消灭在萌芽状态,避免消费者和相关市场主体的利益受到进一步的侵害,同时在这个过程中也使各个市场主体的利益最大化,达到创建一种规范经营、规范市场的目的。市场监管可以提高和保证安全软件产品质量的可靠性,减少不正当竞争和侵犯用户权益的行为的发生,为安全软件市场的发展营造良好的市场环境,这样才能使整个市场创造更大的价值,更好地保护市场主体的合法权益。所以科学、有效地市场监管对保障安全软件市场安全与稳定、维护市场主体合法权益和促进市场发展具有重要意义,在现阶段我国相关立法及行业自律机制不健全的情况下,市场监管应成为目前我国对安全软件行业规范的重要手段。

4.1.2 安全软件市场监管的基本原则

安全软件市场监管原则是体现在市场监管法律规范中的基本准则,是安全软件市场监管机构在履行职责中必须遵守的准则,也是在安全软件市场监管的立法、司法必须遵守的准则。它对整个市场监管的活动处于指导地位,任何主体、行为都不得违反这些原则。通过借鉴国外安全软件市场已积累的较成熟的实践经验与规范,再结合我国安全软件行业在发展中的一些自身特点、经验及教训,我们认为在现阶段安全软件市场监管的过程中,应遵守公开、公平、公正的监管原则,有效监管原则,审慎监管原则,协调监管原则,依法监管原则和遵循市场规律原则。

1. 公开、公正、公平原则

没有公开则无所谓正义。[①] 公开监管包含两层含义,一是监管行为的公开,要求安全软件市场监管的整个过程以及每一个监管行为都要公开进行,避免任何形式的“暗箱操作”,要使被监管者明知自己处于被监管的状态。公开的事项应包括安全软件市场的监管主体、监管权限、监管程序、监管依据的标准、制度和相关责任的认定与追究等,使市场监管的每一过程都处于公众的监督之下,实现“阳光作业”,同时这样也有利于对监管人员的再监督。二是在安全软件行业监管过程中做到信息的公开,即整个监管过程要以信息公开为核心,监管主体应将获得的信息准确、完整、及时地向公众公开。

公正监管要求在安全软件监管过程中要公正监管、公正执法。首先,安全软件市场监管的规则要公正,公正地分配被监管者的权利义务,平等地对待所有的安全软件市场参与主体,不因安全软件生产企业的规模或者所占市场份额的不同而差别对待。其次,监管者对安全软件市场参与主体的活动平等对待,市场参与主体只要不违反法律或行政法规强制性规定的行为都应受到平等的保护。“市场主体在法律资格和地位上的平等以及机会的均等,尤其在市场准入和市场竞争方面不得

① [美]伯尔曼:法律与宗教,梁治平译,三联书店1990年版,第48页。

存在所有制歧视和规模、地域歧视，排除特权干扰和身份差异。”[1]在监管过程中严格依法监管，不允许任何主体超越规则之上，不允许任何机构滥用权力。最后，司法与监管主体在安全软件市场监管过程中立场要中立，不偏袒任何一方，确保在监管规则前人人平等，在监管的过程中要以事实为依据，以监管规则为准绳。

公平监管就是要公平地对安全软件市场主体进行监管，平等地对待每一个市场参与主体，包括被监管者主体地位平等、适用法律平等、权利义务平等。市场监管应以公平为基础，只有这样，才能保障市场主体的平等法律地位以及同等的权利义务，才能促进市场主体自由地展开竞争。[2] 各市场参与主体在监管过程中受到公平地对待，在责任的承担上一视同仁，共同承担监管成本、共同防范市场风险，共同享有市场安全稳定所带来的利益，营造一个公平竞争、公平交易的市场环境。监管活动的合法性、独立性、有效性，监管人员的中立性，被监管主体地位的平等性以及监管结果的公正性，都是对安全软件市场监管公平的必然要求和体现。

2. 有效监管原则

有效监管原则要求监管机构对安全软件市场进行监管时，对不同的市场参与主体、个人利益与公共利益进行权衡与取舍时，要考虑到社会总成本与总投入之间的关系，要尽可能地以最小的社会成本获得最大的社会经济效益。[3] 在监管效果上，应以尽量少的监管成本获取最大的监管绩效。这要求在设计监管体制、获取监管信息、做出和执行监管决策时，应该尽量降低成本，缩短决策时间，减少决策措施的传递环节，增大监管绩效。[4] 监管效率原则是从经济、效率的观点来看待监管，安全软件市场监管应在遵守市场机制及其发展规律的前提下，应达到一种最佳状态，即用最小的成本获得最大的收益。其中成本包括监管规则制定成本、监管行为花费的成本和监管行为给市场所带来的负面效应等，收益指对安全软件市场进行监管给整个行业以及整个社会所带来的收益，包括直接和间接的收益，如安全软件市场参与主体的权益得到保护等。在进行安全软件市场监管时，要把监管的制度性收益与监管付出的成本进行比较，监管制度的设计要宽严相济、注重效率，以促进安全软件行业发展为前提，监管制度的设计应对整个安全软件市场应起鼓励、促进的作用，而不是抑制市场的整体进步，降低企业发展创新的积极性。同时，监管机构职权的分配，也应按照效率的原则进行分配，提高监管的效率。

另外，安全软件市场监管的有效监管原则，也要求在制定安全软件监管规则以及监管主体在履行监管职责的过程中，监管者与被监管者无利害关系，平等地对待

---

① 张文显：法理学，北京大学出版社、高等教育出版社 2007 年第 3 版，第 363 页。

② 李昌麒：经济法学，法律出版社 2008 年版，第 238 页。

③ 付子堂：法理学初阶，法律出版社 2006 年版，第 319 页。

④ 洪治纲：金融衍生证券市场监管原则初探，载《商业时代》2008 年第 28 期。

每一个市场主体。在安全软件监管过程中，会遇到专业性、技术性和功能性等方面的监管，涉及比较复杂、专业的知识，这就要求监管人员和中立裁判者除要具备专业的知识与技能外，“还需要良好的法律治理能力及准确理解法律的能力，更需要有及时和适时介入市场的眼光，法律对市场经济纠纷的介入必须具有适当性，”① 唯有如此才有利于安全软件市场经济活力的发挥和技术的进步。总之，有效监管原则要求降低监管成本，提高监管效率，将监管范围控制在一个适度的范围，既要保护市场主体的利益，又没有降低市场主体的积极性。

3. 审慎监管原则

审慎监管原则是对安全软件市场监管权限和范围的要求，其要求对市场监管应采取谨慎和必要的态度，严格限制市场监管权限和范围，不得随意扩大和改变市场监管的权限和范围。安全软件行业是个新兴的行业，企业在行业的发展中会遇到各种各样的困难与挑战，我们应为安全软件行业的快速发展创造各种条件。而市场监管属于生产关系的范畴，任何不当的或者过于严格的监管都将阻碍安全软件行业的发展，这也与设置市场监管制度的初衷相违背。“审慎监管建立在市场深化的基础上，监管的理念应该定位于：市场能解决的问题尽量交由市场机制解决；监管的作用在于尽可能创造条件保障市场机制的顺畅运作；监管本身也要尽可能地避免、减少给市场带来较大的震动。审慎监管要求监管政策的连贯性和前瞻性，使市场参与者形成良好的政策预期，减少监管者与被监管者在政策制定博弈过程中资源的浪费；也使监管框架更科学合理，积极应对创新所提出的挑战。”②审慎监管原则要求我们为安全软件市场主体创造一个较宽松的环境，在这个环境下，监管机关应做到最大程度不干预安全软件生产企业的自主经营，对市场能自主解决的问题不进行干涉，为企业、市场留下充足的发展空间，增加企业发展创新的积极性。当然，在安全软件行业中的市场监管过程中，我们可以依据市场的不同情况，对市场的不同环节采取不同的监管政策，促进安全软件行业能在一个较为宽松的环境下良序发展，审慎经营，整个市场体系形成一个稳健运行、抵御风险的机制。

4. 协调监管原则

(1) 监管主体协调

目前我国存在的安全软件市场监管主体大致可分为两类。一类是官方性质的监管机构，包括依据有关法律法规授权的政府机关(按职权范围可划分综合性监管机关和具体市场的专门监管机关)，如国家工商总局、商务部、国家发改委、工信部和公安部等，也包括政府机关依法授权的有关机构。另一类是非官方性质的监管机构，包括社会团体和社会机构，现阶段主要是市场主体自主成立的第三方行业组

---

① 赵万一：从腾讯与 360 之争看企业竞争的法律底线，载《中国审判》2010 年第 12 期。

② 吴弘、胡伟：市场监管法论—市场监管法的基础理论与基本制度，北京大学出版社 2006 版，第 20 页。

织，包括各种协会和联盟。该类监管机构的监管权限来源于其内部成员的共同约定或行业的普遍认可，承担着辅助官方监管机构履行监管的职责，并长期在一线负责监管。

现阶段，在我国安全软件行业的市场机制还不太健全的情况下，官方机构的监管地位和作用不容置疑，但社会中非官方机构的监管作用也不可或缺，这两类监管机构只有相互协作，优势互补，建立信息共享机制，共同发挥监管作用，才能维护安全软件市场正常的经济秩序。尤其在政府转变职能的时机，更应注意加强非官方机构的监管职能，努力给企业、市场营造一个更加宽松的环境。

（2）监管职权协调

现阶段由于安全软件市场的监管体制不完善，法律不健全，致使对安全软件行业的监管主体众多，而且各监管主体之间权限分工也不明确，监管职权存在重复交叉和监管空白的情况，造成市场监管效率低下，浪费大量的市场资源，结果还会因监管失灵导致重大事件的发生。因此，为了防止出现监管真空和监管混乱的情况，就必须加强对安全软件各监管机构的职权进行协调，明确各主体的监管权限。权限明确也有利于问责机制的建立，促使各监管人员恪尽职守，依法行使自己的监管权限。协调监管原则体现在安全软件监管主体和监管权限的协调。在监管体系中，官方机构的监管是市场监管机构的重点，除此之外，也要充分发挥非官方机构的监管协调职能，官方与非官方监管机构要相互配合、相互协调，保证执法活动有序、正常进行。执法主体要正确运用自由裁量权，及时决策，有效地实现国家行政职能。[①] 互通有无，确保将安全软件市场风险消灭在萌芽状态，防止监管失灵的情况出现。在安全软件市场的监管过程中，既要明确各监管机构的职责，又要加强各监管机构之间的沟通与协调，尤其是现阶段对安全软件市场进行监管的部门众多，各监管机构的监管权限更要加强协调，履行职责时要依法监管、各司其职，确保安全软件市场的安全与稳定。

5. 依法监管原则

监管合法原则要求安全软件市场监管的整个过程必须依法进行，包括监管主体资格的取得、监管程序和职权范围都应有法律依据。首先，监管主体的设立与监管职权的存在要有合法依据，监管主体的设立只能依据法律的规定，监管主体只能在法定的范围内行使监管职权，任何超出监管职权范围的行为都是无效的。其次，监管机构的监管行为要合法，这既包括要符合程序法的规定，也包括符合实体法的规定。监管机构必须按照法定的程序在法定的权限范围内进行监管，不允许任何机构和个人超越法定的权限进行监管，任何有违法律规定的监管都是无效的。监

① 张文显：法理学，北京大学出版社、高等教育出版社 2007 年第 3 版，第 251 页。

管机构应该保持独立的地位，不受任何利益相关者和无权机构的干扰，坚持独立执法，努力确保监管工作的独立性和权威性。另外，监管机构应对在监管过程中获得的国家秘密、安全软件生产企业的商业秘密以及个人的隐私等信息进行保密，妥善处理信息披露与保护秘密的关系，并不得随意披露所获得的信息。在整个监管过程中应始终以法律为准绳，监管过程要保持透明，并且接受社会大众和有关监督机构的监督，建立和完善监管责任机制和问责机制，对监管机构及监管人员的监管工作进行考核，对任何监管者的违法违规行为都应追究其相应的责任，多方面、多层次监督促使安全软件市场监管依法进行。

6. 遵循市场规律原则

遵循市场规律原则要求对安全软件市场的监管应遵循市场发展的基本规律，任何监管政策的制定都是依据市场的客观情况，包括监管目的、监管范围的确定、监管的程序等，监管的结果必须是有利于安全软件市场的发展与稳定。在制定监管政策的过程中，要充分了解安全软件市场的发展情况，不能违背安全软件市场的客观发展规律，尊重价值规律，任何政策的制定都应当是符合市场发展需求的，市场监管的目的就是为了降低市场风险。遵循市场发展规律的监管才是有效率的监管、科学的监管，在监管的过程中，市场监管机构和监管人员要转变传统的管理观念，摒弃传统的计划管理观念，依据市场的发展规律展开监管活动，提高监管的自觉性和主观能动性。市场监管并不是机械的执行任务，监管人员在监管的过程中积极、忠实地履行自己的职责。“这是因为，任何法律、法规存在着一定的自由裁量权，而政策的灵活性、自由度就更大，它要求市场管理主体在具体执行时，应该深刻领会法规、政策的实质，结合各地的实际情况灵活掌握和运用。特别是在客观经济形势发生变化，而政策、法规尚未来得及调整、修订时，管理主体的主观能动性将发挥更加重要的作用。”[①]尤其对安全软件行业而言，监管制度的严重不健全，监管人员的自由裁量权可能会更大，如果监管人员不积极地履行自己的职责，监管效率将会很低，难以达到监管的目标。当然这种主观能动性并不是随意产生的，它必须建立在遵循市场发展的客观规律上的，是有利于安全软件行业发展的。

4.1.3　我国安全软件市场监管现状

目前，对互联网行业的发展拥有监管职权的部门有很多，如国家工商总局、工信部、公安部、商务部、国家发改委等，对此相关法律、法规以及部门规章已有明确的规定。《互联网信息服务管理办法》第18条规定：“国务院信息产业主管部门和省、自治区、直辖市电信管理机构，依法对互联网信息服务实施监督管理。新闻、出

① 陈世良：我国经济转型期社会主义市场监管研究，华中师范大学博士学位论文。

版、教育、卫生、药品监督管理、工商行政管理和公安、国家安全等有关主管部门，在各自职责范围内依法对互联网信息内容实施监督管理。”而且在《互联网信息服务管理办法(修订草案征求意见稿)》中第3条中规定：“国家互联网信息内容主管部门依照职责负责互联网信息内容管理，协调国务院电信主管部门、国务院公安部门及其他相关部门对互联网信息内容实施监督管理。国务院电信主管部门依照职责负责互联网行业管理，负责对互联网信息服务的市场准入、市场秩序、网络资源、网络信息安全等实施监督管理。国务院公安部门依照职责负责互联网安全监督，维护互联网公共秩序和公共安全，防范和惩治网络违法犯罪活动。国务院其他有关部门在各自职责范围内对互联网信息服务实施管理。地方互联网信息服务管理职责依照国家有关规定确定。”国家工商行政管理总局在其官方网站中声明其主要职责包括：“负责垄断协议、滥用市场支配地位、滥用行政权力排除限制竞争方面的反垄断执法工作(价格垄断行为除外)。依法查处不正当竞争、商业贿赂、走私贩私等经济违法行为。”[①]《反不正当竞争法》第3条规定：“各级人民政府应当采取措施，制止不正当竞争行为，为公平竞争创造良好的环境和条件。县级以上人民政府工商行政管理部门对不正当竞争行为进行监督检查；法律、行政法规规定由其他部门监督检查的，依照其规定。”另外，工信部发布的《规范互联网信息服务市场秩序若干规定》第3条明确规定：“工业和信息化部和各省自治区、直辖市通信管理局(以下统称电信管理机构)依法对互联网信息服务活动实施监督管理”；公安部发布的《互联网安全保护技术措施规定》第5条规定：“公安机关公共信息网络安全监察部门负责对互联网安全保护技术措施的落实情况依法实施监督管理。”

从上述法规中的规定可以看出，我国安全软件监管部门众多，各监管机构的权限与职责亦划分不清，如依据上述规定，针对安全软件行业市场秩序的监管工信部和国家工商总局都有权限，但对于权限的范围又没有明确的分工。这种监管现状致使对安全软件行业的监管存在监管重复或监管空白，不利于安全软件行业的发展，正如学者所言：“在我国互联网产业发展方面，政府监管偏重于内容，轻视技术创新，忽略规范和建立市场规则，更是助长了行业竞争的不正之风。”[②]以中国互联网史上有重大影响的“3Q事件”为例，在事件发生初期，没有一个监管机构介入并解决问题，致使事态进一步扩大，消费者的权益受到了严重侵害。众多的监管机构权限与责任不明确，在对市场进行监管时，有利可图蜂拥而上，争相监管，对没有利益、又容易产生责任的领域全都避而不管。造成这种现象的原因一方面是监管制度的不健全，问责机制的缺失；另一方面是相关法律的缺失，监管主体众多、权限不明。尤其是涉及不正当竞争方面的，依据现有的《反垄断法》、《反不正当竞争法》和

---

① http://www.saic.gov.cn/zzjg/zyzz/，2013年3月12日访问。

② 任达轩：“3Q大战”——对互联网产业发展的反思，载《北京教育(德育)》2010年第12期。

《消费者权益保护法》等法律，无法对事件中的焦点问题进行解决，如人们普遍关注的“腾讯是否涉嫌侵犯用户隐私”、“腾讯公司和奇虎360是否涉嫌垄断、滥用市场支配地位，进行不正当竞争”等问题。监管机构在监管的过程中无法准确判断双方行为的合法性，导致其无法在事件发展初期及时介入。

中国的互联网企业之间的竞争已不仅仅是企业之间的斗争，而是产业发展到一定阶段、矛盾达到不可调和状态的一种表现。[①] 在安全软件行业发展的过程中，之所以会发生类似的事件，一是由于现有法律滞后，如对隐私权规定的缺失，无法准确对不正当竞争行为进行界定等，给行政执法带来严峻的挑战。二是市场监管的缺失，监管制度不健全，难以在第一时间对事件进行监管。另外，现有法律对扰乱安全软件市场正常秩序和侵犯用户权益等违法行为的处罚力度较轻，责任的追究上只有民事责任和行政责任，采取的处罚手段一般是罚款、停止违法行为等，无法有效制约和遏制安全软件企业的不法行为，对利益的追逐和预期的低违法成本会促使他们在竞争中无视法律的存在，进行不正当竞争、甚至以损害消费者的权益来获得非法利益。

4.1.4 完善安全软件市场监管的建议

1. 尽快完善相关立法

相关部门有许多规则约束用户的上网行为，但对日益壮大的互联网巨头的不正当竞争行为却鲜有有效的制约机制出台。[②] 相对于我国互联网行业的飞速发展，规范市场竞争秩序和保护网络用户合法权益的立法非常滞后。“法律的滞后性表现在两个方面，一方面是相关法律的缺失，现有的法律已经无法和社会的发展相适应，依据现有法律已经无法对社会中的某些行为进行定性，导致在监管的过程中无法入手，致使市场危机进一步蔓延。另外，现有法律对监管机构的权限没有明确规定，使得监管过程中出现监管混乱的现象；另一方面是现有的法律对社会现象虽然有相关的规定，但规定较为模糊，适用性较低，或者是相关条款的规定已严重不符合社会的现实情况。前一种情况主要体现在依据现有的法律规定无法对有关的行为的合法性进行判断，如针对不正当竞争和垄断行为的规定，相关法律的条款大多是原则性的，缺乏具体的细节规定，致使在执法过程中难以适用。后一种情况主要是体现在对违法行为的处罚力度上，现有法律对违法行为处罚力度较低，已不能有效制止违法行为的发生。所以，我们要尽快完善相关的立法。一是加快对《反不

---

① 王雅平：“停战以后”——由中国互联网产业“3Q大战”所引发的法律思考，载《中国电信业》2011年第1期。

② 王雅平：“3Q大战”所引发的相关法律问题分析与思考，载《北京邮电大学学报》2011年10月第13卷第5期。

正当竞争法》和《反垄断法》等立法的修订,增加法律的可执行性,尤其是明确和细化诋毁商誉、虚假宣传、恶意测评等不正当竞争行为和垄断行为的判断标准,加大对企业违规违法行为的处罚力度。二是明确各监管机构的监管权限,监管权限的明确有利于提高监管效率和监管责任的承担,必须坚持对同一情况只允许一个机构进行监管的原则,防止监管重复和监管空白的情况出现。监管机构必须依法进行市场监管,立法应明确规定各监管机构的监管权限和监管程序,并对监管机构的职责行为进行再监管,防止监管失灵的情况出现。

2. 加大用户权益保护力度

在网络社会中,消费者的安全权、知情权、自主选择权、公平交易权、依法求偿权,特别是隐私权受到严重威胁。

第一,网络用户在网络上从事交易、享受服务时,其权利义务一般是通过企业事先所指定的格式合同所体现的,用户对格式合同的内容基本无发言权,只有接受与不接受两种情况,而且不接受则意味着不能享受到服务或产品,尤其是当用户已离不开该项服务或产品时,“选择”则意味着“强制”,对用户来说,是很不公平的,而且格式合同的条款有时也隐藏着重大不公正条款,用户的权益得不到保护。

第二,当互联网行业发生危机事件致使大规模用户的权益遭到侵害时,一般情况下用户的权益得不到有效的救济。造成这种现象的原因,一方面是由于大部分民众的维权意识较低;另一方面是现在制度的缺陷造成的,当用户的权益受到损害后,和企业相比用户处在弱势地位,很难和企业达成理想的赔偿协议,但又很难通过诉讼的途径维权,这主要是诉讼成本和举证难的原因,依据《侵权责任法》规定:“侵害他人人身权益造成财产损失的,按照被侵权人因此受到的损失赔偿;被侵权人的损失难以确定,侵权人因此获得利益的,按照其获得的利益赔偿;侵权人因此获得的利益难以确定,被侵权人和侵权人就赔偿数额协商不一致,向人民法院提起诉讼的,由人民法院根据实际情况确定赔偿数额。”因此,要保护用户的权益,既要不断加强法制宣传,增加用户的维权意识,又要完善相关立法。“强化司法规制,增大执法力度,为网络用户权益提供事后保障。”[①]立法中明确规定企业收集、储存、利用用户个人信息的规则,细化用户权益的保护规则等,使广大消费者在权益受到侵害后,能够通过司法途径进行维权。

3. 完善行政监管制度

现阶段安全软件行业的市场监管主体职责交叉致使监管效率低下,无法在第一时间察觉安全软件市场风险并采取监管措施,进而引发更大的市场危机。监管机构很难在市场危机的初期及时察觉并采取措施解决问题,这一方面是因为法律

① 刁胜先:网络自由不能承受之优——从 3Q 大战看网络用户民事权益的保护,载《重庆邮电大学学报》2011 年第 2 期。

不健全，更重要的原因是由于现有监管制度的不健全，相关制度缺失。如监管制度设计不科学、监管权限不明确，导致一些监管机构在市场危机发生时会出现两种情况，一是欲启动监管程序但因相关法律或制度的缺失而不能做到准确有效监管；二是不敢监管，因监管职责不明确，缺少各种危机处理机制，怕监管不当甚至监管错误而需承担责任。“诺顿误杀事件”、“3Q事件”等，既扰乱了安全软件市场的正常秩序，也侵犯了消费者的权益，事件背后隐藏的实质是对安全软件市场监管失灵。

针对安全软件市场的监管，既没有完善的市场准入制度、信息披露制度，又没有市场退出机制和再监管制度，使得在危机事件发生后难以做到科学、合理的处理。所以应结合行业技术优势，创新监管手段形式，一方面，政府的行政监管不能取代司法手段，从原则上完善相关法律的结构和功能刻不容缓；另一方面，行政监管应成为在动用法律手段以前的缓冲地带，从而有效地避免普通的商业竞争因缺乏监管而进一步升级扩大为不正当竞争。[①] 我们应加快建立安全软件市场监管制度的步伐，包括政府监管、社会监督和企业自律，建立和完善安全软件市场准入、信息披露、危机处置和市场退出机制等市场监管制度，以保护合法经营，制止违法经营、不正当竞争行为，保护经营者和消费者的合法权益。

同时，由于我国缺乏对市场监管机构的再监管制度，使得监管人员在履行监管职责的过程中缺乏责任与危机意识，对监管行为缺乏约束机制，容易造成滥用监管职权或玩忽职守的情形，在制度上就无法保证监管工作的正常进行。因此，我们还应明确政府对安全软件行业的监管权限，明确监管责任和监管程序，防止监管职权和行政职权的滥用，加强对安全软件市场监管行为的再监管。另外，也应注重第三方组织的监管力量，尤其是各种行业协会、广大社会媒体及个人用户的监督，这样不仅提高了公民的自主意识，而且也使得我国民主监督的程度提高，同时，也让行政监督的整套制度更加科学有效。[②] 积极出台并切实履行行业自律规范，增加监督手段的技术性，运用技术手段对市场危机进行预警，对涉及广大用户权益的市场竞争行为可加强监管，必要时进行事前或事中审核，最大限度地保护互联网用户的权益，多方位、多层次地对安全软件市场进行监管，避免市场监管失灵。

总之，在安全软件行业的发展过程中，应当构建以公平为基础的市场化竞争体制，竞争的结果不是大鱼吃小鱼，最后成为企业绑架公民，而是在整个竞争过程中注重公平的竞争环境的培养，只有在公平的环境下，企业才能做到真正的市场化，

---

① 沈洁莹：论我国互联网行业不正当竞争行为的行政监管——以腾讯QQ和奇虎360之战为例，载《电子政务》2011年第2-3期。

② 张嘉瑜、邓辉：论我国互联网环境下不正当竞争行为的行政监督——以腾讯QQ和奇虎360为例，载《知识经济》2012年第5期。

在市场化条件下形成多元化的创新格局。[①]所以，在立法难以在短期内予以完善的情况下，我们应注重行政监管的作用，加强行政监管制度的建设与完善，其对安全软件行业的健康发展有极其重要的作用，本节之后的内容将对如何完善行政监管制度进行研究与探讨。

4.2 安全软件市场准入制度

市场准入是一个外来词汇，是在介绍和翻译国外的相关法律文件、研究其他国家的法律制度时，引入过来的词汇，最早出现"市场准入"的正式法律文件是1992年的《中美市场准入谅解备忘录》。但随着市场的进步和法律的不断完善，"市场准入"的意义已经发生了重大的变化，它已逐渐演变成一种制度——"市场准入制度"，被广泛地运用在法律界和经济界。但到目前为止，学术界、国内外法律及国际公约都没有对"市场准入"的定义予以明确和统一，导致对其内涵和外延的理解存在偏差，而现在学术观点主要有以下几种。

第一种观点认为，市场准入即"开放市场"，指在对外贸易中一国允许其他国家的市场主体进入其本国市场的程度，包括货物、服务及资本等。市场准入是指成员方的国内法规（政策、法令、行规）对服务要素（机构、资金、人员等）作跨国流动的阻挡和限制。[②] 第二种观点认为"市场准入"是政府对市场主体和交易对象进行管理的一种手段，进入市场经营的主体都必须进行的工商登记或获得进入特定市场的许可等。如李昌麒在《经济法学》一书中认为市场准入制度是指有关国家或政府准许自然人、法人进入市场从事经营活动的法定条件和程序规则的总称，包括一般市场准入制度和特殊市场准入制度。[③] 第三种观点认为应以市场主体的角色使用市场准入一词。市场准入就是"政府对市场主体进入特定市场领域的规制"[④]，是政府调控市场的手段之一，也是市场发展与管理成熟的一种表现。通过设置市场准入制度，市场主体可依据自身发展的需要，通过一定的程序，自主决定是否进入某一领域或从事某一行业，是市场主体自主决定其经营范围的体现。

综上所述，我们可以看到市场准入是各国的监管部门采用的一种监管手段，目的是减少市场风险，确保市场秩序的安全与稳定，设置准入制度的范围包括设置主体资格准入、业务范围准入两个方面。市场准入制度不是为了限制竞争，而是为了

---

① 张传龙、胡亚飞：论网络社会秩序的规范化——从3Q之战谈起，载《湘潮》2011年第3期。

② 赵维田：世界组织WTO的法律制度，吉林出版社2000年版，第364页。

③ 李昌麒：经济法学，法律出版社2008年版，第188页。

④ 刘大洪：经济法学，中国法制出版社2007年版，第408页。

市场的整体安全，促进公平、合理、正常的市场竞争，是市场体制不可或缺的一部分。所以我们认为，市场准入是市场监管机构为确保市场安全稳定与有序竞争，对国内外的市场参与主体进入一定市场、参与市场活动的约束与限制，包括主体资格、产品和服务、业务范围的准入三种情况，旨在降低市场风险，确保市场安全与稳定。

4.2.1　市场准入制度分类

市场准入制度的内容包括监管对象和监管方法，其中监管对象是指市场监管的范围，具体是说应对什么进行监管；监管方法是指监管机关在市场准入监管的过程中所采取的方法或手段。目前市场准入制度的种类有三种类型：一是对市场主体进行准入限制；二是对产品或服务进行准入限制；三是对企业的业务范围进行准入限制。

对市场主体设置准入制度，现有的制度一般分两种情况。一是对一般的主体设置准入制度，要求主体进入市场，从事某种行为时必须达到一定的标准，或具备一定的条件，按照一定的程序进行相应的注册、登记。这是主体从事该种行为必须具备的条件，包括对从事该行为的法人、自然人设置准入条件等，如《公司法》中规定，有限责任公司注册资本的最低限额为人民币三万元。二是针对从事特殊行业主体设置准入条件，即从事这种特殊行业的主体必须具备的条件和资质，它和一般行业的准入制度不同，在准入制度的设计上要求更高、更加严格，包括在各种核准和审批制度上，必须经过有关机关的专门审批。如我国的《商业银行法》规定："设立全国性商业银行的注册资本最低限额为十亿元人民币。设立城市商业银行的注册资本最低限额为一亿元人民币，设立农村商业银行的注册资本最低限额为五千万元人民币。注册资本应当是实缴资本。设立商业银行，应当经国务院银行业监督管理机构审查批准。经营范围由商业银行章程规定，报国务院银行业监督管理机构批准。"其中上述特殊行业一般是指关系国计民生的或其他特殊利益的行业，其正常发展与社会的稳定密切相关，如关系国计民生的金融行业、关系人民身体健康的食品药品行业等。

对产品或服务设置准入制度，要求市场主体生产的产品必须达到一定的标准，才允许其进行生产和进入市场流通，如《食品安全法》规定食品生产应达到国家的有关安全标准。《计算机信息网络国际联网安全保护管理办法》也规定："互联网安全保护技术措施应当符合国家标准。没有国家标准的，应当符合公共安全行业技术标准"等。对产品设置市场准入的目的就是为了市场的整体安全和良序竞争，是站在社会公共利益的角度上而言的，对所有的市场参与者而言都是公平的，不因经营主体的规模或所占市场份额的不同而差别对待。只要产品符合准入条件，就可进入市场参与竞争,这样既有利于维护市场安全和正常秩序,也有利于促进社会的创新与进步。

对企业经营业务的范围设置准入制度,这种准入制度的设置一般是针对影响国计民生或重大公共利益的行业,这些行业不允许一般的市场主体随意进入,需要经过特定的审批后才允许经营,如经过许可、认证或批准等。对经营业务的范围设置准入制度相对于其他形式或种类的准入制度,准入门槛较为严格,行政的干预程度更强,一般而言,这些行业的竞争性较差,很多都是垄断性行业。现阶段采取对经营业务设置市场准入制度的行业有电信、烟草、邮政、食盐等行业,这些行业大都属于国家垄断、控制或专卖的领域,由国家直接参与市场经营,不允许其他组织和个人随意参与经营。这种对经营业务范围设置准入制度的做法,既可以对市场的经营主体进行严格的限制,大大减少行业的市场风险,有利于国家监管和行业的稳定,又可以保障人们需求的正常供应,防止恶意竞争等损害市场秩序的行为发生。但如果一旦对企业的经营业务设置市场准入制度,严格限制这些市场的准入门槛,将会不利于这些行业的发展和竞争,形成垄断市场,使某些企业在特定行业一家独大,反而更不利于市场的整体发展和进步。

4.2.2 设置市场准入制的必要性

(1) 规范安全软件市场竞争秩序

在现阶段,安全软件行业的发展既面临着机遇,同时又面临着巨大的挑战,安全软件行业内的各种竞争却愈演愈烈,各种不当市场行为也时有发生。成本的模仿、商业模式创新的缺乏、垄断横行、对利益的无序竞争、低格调内容的无节制传播、轻视与漠视互联网用户权益、以恶劣手段操纵网络舆论等,都已成为互联网世界中司空见惯的现象。[①] 尤其对安全软件行业而言,市场不成熟、机制不健全,法律方面的规制几乎处于空白状态,单单依靠安全软件生产企业的自律和市场的自我调节,是不能有效维护安全软件行业正常竞争秩序的,用户的合法利益也得不到切实的保护。

(2) 安全软件行业的正常发展涉及利益重大

由于互联网技术的飞速发展,网络上的应用不断更新,同时网络上的各种风险也在不断地发展变化,如不能做到有效地预防和控制,用户的权益将会受到严重侵害,这就加重了维护网络安全的难度。因此,安全软件之于网络的重要性日益凸显。我们在享受网络带给我们便利的同时,必须注意防范网络风险,网络安全问题不再只是某一个人或一个企业所面对的问题,而是全社会共同面临的问题,其关乎

① 钟瑛、黄朝钦:3Q大战与网络商业模式危机及制度缺失,载《今传媒》2011年第2期。

的利益是全社会整体的利益。现阶段，用户的网络系统安全一般依靠市面上现有的安全软件防护，安全软件的防护效率直接影响着网络用户的切身利益。因此，安全软件行业的正常发展涉及利益重大，涉及整个互联网行业的安定与繁荣，如果不对市场上的安全软件的质量加以要求，不但会影响安全软件市场的正常竞争秩序，也不利于社会的稳定。

（3）弥补现行法律的不足

我国现有关于安全软件行业的立法几乎处于空白状态，只有几个部委的规章，现有的法律已不能有效解决安全软件行业发展中所遇到的问题，具体体现在以下几点。

一是关于安全软件行业的规定太少，相关法律严重缺失，而且现有法律的规定大多是原则性，缺乏可操作性，尤其是涉及不正当竞争的行为的规定，条款的原则性强而不能直接适用，导致市场监管主体难以对市场行为的违法性进行判断，再加上权限不清晰，最终造成执法难、监管难的结果。

二是对违法行为的处罚太轻，不适合安全软件行业的发展现状。具体表现在处罚力度较小，标准较低，相对于巨大的互联网企业而言，低标准处罚已不能有效地防止危害网络安全和安全软件市场正常秩序行为的发生，预期的低成本违法会诱使不当行为的发生。在责任的性质上，目前的法律规定多是行政责任，很少涉及民事责任和刑事责任，导致一些企业敢于违反法律的规定进行不正当竞争或从事其他违法行为。

三是现有法律缺少对消费者权益的救济条款，消费者的权益遭到侵犯后，往往不能得到有效救济。如《侵权责任法》规定：侵害他人人身权益造成财产损失的，按照被侵权人因此受到的损失赔偿；被侵权人的损失难以确定，侵权人因此获得利益的，按照其获得的利益赔偿。在危机事件中，用户很难对自己的实际损失进行举证，再加上用户的维权意识较低和诉讼的成本太高，用户的权益很难得到有效救济。相对企业而言，用户完全处于劣势地位，在事件结果的处理过程中，消费者几乎没有话语权。

（4）防止劣质的产品进入安全软件市场

网络用户系统的安全离不开安全软件的防护，市场对安全软件的需求量较大，安全软件的市场蕴藏着巨大的经济利益。当安全软件行业存在较大的利益空间时，将会有大量的资金和企业进入安全软件市场，一方面会造成生产过剩，资源过度浪费，不利于市场的健康发展；另一方面过多的市场参与主体，会加剧安全软件市场竞争的激烈程度，引起市场竞争的无序和混乱，甚至是不正当竞争行为的发生。由于市场主体对利益的追逐，致使安全软件行业的竞争非常激烈，如果不对安全软件产品的竞争加以监管，可能会有许多质量低劣的产品、服务参与竞争。质量低劣的安全软件产品不但不能有效地保护用户的系统安全，而且会扰乱用户的正常选择，降低用户对安全软件行业的信任度。最终结果会破坏安全软件市场的正常秩序，侵犯消费者的权益。对安全软件设置市场准入制度，会阻止一些不适格的市场主体、质量低劣的产品或服务进入市场参与竞争，可能会限制一些企业经营的自由，侵犯了个体权益，但这却保护了公共利益，保护了社会大多数主体的利益。所以政府对安全软件行业进行规制，选择设置市场准入制度时，前提必须是“为了保护某种涉及面很广的公共利益，而且这项利益与经营者的自由以及所带来的竞争价值相比，应当具有优先考虑的必要”。[①]

安全软件行业的正常发展涉及的利益重大，安全服务质量不仅关系到用户权益，还可能影响国家安全和经济社会发展，需要相关政府部门通过合理有据、执行有力的措施予以规制，弥补信息不对称造成的市场失灵，维护公平有序的市场环境。[②] 网络风险层出不穷，使现阶段的网络安全问题受到了严峻挑战。而一般用户的系统安全与防护主要依靠现阶段市场中的安全软件，在如此严峻的挑战面前，如果不对市场上安全软件的质量加以监管，设置市场准入制度，对安全软件产品的关键环节和技术的相关指标做出规范，不达到规范标准则不允许经营安全软件相关业务。只有制定市场准入制度，才能从根本上规范市场的无序和不正当竞争。政府作为国家法律的供给者，不能只做“守夜人”，应主动发挥“政府之手”的作用，制定颁布和实施市场准入法律制度，满足市场的需要。[③] 因此，应对安全软件市场设置市场准入制度，以确保安全软件市场的安全与正常竞争，降低市场风险，维护安全软件行业的正常秩序和用户的合法权益。

4.2.3 安全软件市场准入的价值选择

市场准入制度是行业监管体制的基础，对促进行业发展、合理配置资源及完善市场秩序起着至关重要的作用。[④] 对安全软件市场设置准入制度的目的是降低市场风险，确保安全软件市场的稳定与安全。但市场准入制度本身又属于生产关系的范畴，当它规定过于宽松时，很难起到其应有的作用，相反当规定过于严格时，又会对市场的发展起到抑制作用，影响经济效率和市场主体的积极性。因此，在设置市场准入条件时，应全面考虑影响市场准入制度的各种因素，使准入制度的设置符合市场的实际发展状况，对市场的发展起到促进作用，这就要求我们在健全我国市

① 赵鹏：论行政垄断的法律控制——以完善市场准入制度为侧重点的分析，载《价格理论与实践》2011年第10期。

② 朱秀梅：改善我国互联网安全服务规制，载《中国电信业》2011年第4期。

③ 赵小林：市场准入制度的法律经济学分析，载《法制与社会》2008年第11(中)期。

④ 刘默：重估市场准入制度，适应融合环境挑战，载《中国新通信》2012年第4期。

场准入制度的过程中，应以安全、效率、公平为价值观。

（1）公平

公平价值要求市场监管机构平等地对待所有的安全软件生产企业，不搞差别对待，所有企业的市场主体地位是平等的，交易、竞争过程中的权利、义务也是平等的。不因生产企业的规模、所占市场的份额的不同，而差别对待，在设置市场准入制度时一视同仁，不为任何市场主体设置特殊条款予以照顾。竞争是市场机制发挥其基本功能的先决条件，而竞争功能的实现程度又主要取决于法律对各竞争主体适用的公平性。[①] 准入条款公平设置才能实现之后的公平监管，任何符合准入标准的企业、产品或服务都可以自由进入市场，公平竞争。另外，平等对待也包括安全软件生产企业之间的平等关系，任何生产企业都不应歧视其他企业，尤其不能因经济、规模上的不同歧视他人，各企业间应公平竞争。监管机构公平地履行市场准入的监管职责，除要求准入制度的设计要公平外，包括准入制度的内容、程序和监管权限等内容的公平设置，还要求监管机构将以上信息向社会公众公布，这样既尊重市场主体的知情权，又便于社会各主体的监督。

（2）安全

安全的价值观是市场准入制度设置的最重要的目的之一，市场秩序的安全运行，是实现其他一切目标的基础，如果市场秩序的安全得不到保证，其他的都无从谈起。我们在设置市场准入时必须将安全这个要素放在首位，准入制度设置的前提和目的的归结点必须是安全，市场准入制度就是为了提高安全软件市场的整体服务质量，减少市场中的不安全因素。在现实操作中依据安全软件市场的发展状况设置准入条件，限制不具备相关资质的主体、产品或服务进入市场，严防他们扰乱正常的市场秩序，对违反市场准入制度，擅自进入安全软件市场的行为坚决予以制止，并予以相应的处罚。另外，在追求市场准入制度的安全价值时，应处理好安全与自由的关系。在不违反法律和公序良俗的前提下，安全软件生产企业可以自由竞争、自由决定业务范围，这也是自由原则的体现，充分自由的竞争有利于安全软件行业的创新与发展。而设置市场准入制度是对某些市场主体从事某种活动的限制，是与自由原则相悖的，因此必须处理好两者的关系。市场准入制度不可以无视安全软件生产企业的相关权利，更不可以阻碍行业的进步。市场准入制度的设置应在效率、安全、公平基础之上，确保安全软件生产企业在经营的过程中享有最大的自由空间，对企业经营与发展自由的限制必须是有利于社会整体利益的提高。

（3）效率

“效率意味着从一个给定的投入量中获得最大的产出，即以最少的资源消耗取

---

① 李昌麒：经济法学，法律出版社 2008 年版，第 82 页。

得同样多的效果，或以同样的资源消耗取得最大的效果。现代社会是一个追求效率的社会，效率被认为是正义的另一个基本含义或要求。”[①]市场自身就有一定的调节功能，但这种调节是比较缓慢的，通过设置市场准入制度对进入安全软件市场的主体、产品或服务设置不同的条件，其是通过行政规制的手段对市场进行调节，提高了市场调节的效率。安全软件行业在设置市场准入制度时，应遵守效率的价值观，以最少的成本获取最大的收益，市场准入制度的设置本身给市场所带来的负面效应远小于其给市场整体所带来的积极效应。不当的、恶意的经济竞争对市场而言是没有效率的，它只会增加市场的内部消耗。如果不对市场设置准入标准，很多低质量产品或服务、不适格的市场主体都会进入市场进行不当竞争，扰乱安全软件市场的正常秩序，市场机制会受到影响，市场效率也会大大降低。而设置有效的市场准入制度恰恰可以避免类似的问题出现，将不适格的市场主体、产品或服务剔除到安全软件市场之外，防止它们进入市场扰乱正常的经济秩序，这样提高了市场的竞争效率，有利于市场资源的有效配置。因此，从这个意义上说，科学合理的市场准入制度是市场高效率的有效保证。

安全软件行业设置市场准入制度的价值选择，应是在公平的基础上，保持效率与安全的均衡。如果市场准入制度失去公平，不能平等地对待参与市场竞争的每一个主体，搞差别对待，市场准入制度便失去了存在的意义，而且只有在公平的前提下才能去进一步追求效率与安全。公平是安全软件市场一切制度的基础，“在效率和公平之间，我们尽可能扩大它们之间的适应性，缩小它们之间的矛盾性。”[②]但是除了效率，安全也应是安全软件市场准入制度追求的目标之一，通过设置市场准入制度，阻止一些不适格的主体、不合格的产品和服务进入安全软件市场参与竞争，确保市场的稳定与良序竞争。但如果过于追求安全软件市场的安全，严格设置市场准入条件，就会阻碍很多的市场主体进入市场，影响市场的积极性。过于严格的准入制度虽然保障了安全软件市场交易秩序的安全，但会严重降低市场竞争的效率，不利于行业的长远发展。同样，如果过于追求安全软件市场的市场效率，不注重行业发展的安全，允许市场主体随意进行安全软件业务的经营，这确实能增加市场竞争的效率，但市场主体对利益的追求和日益激烈的市场竞争，会引发许多不当行为的发生，造成市场秩序的混乱，损害安全软件市场的安全。

因此，对安全软件市场设置准入制度时，既要注重市场的效率，又要注重市场的安全，在两者之间选择一个平衡点，这就要求设置市场准入制度应遵循必要性原则，即市场准入的具体制度必须是维护安全软件市场正常发展秩序的制度，是符合安全软件市场发展规律的。必要性要求在设置安全软件市场准入制度时要做到：

---

① 侯怀霞、张慧平：市场规制法律问题研究，复旦大学出版社 2011 年版，第 55 页。

② 张文显：法哲学范畴研究，中国政法大学出版社 2001 年版，第 218 页。

“凡是能通过市场机制解决的，应由市场机制去解决；通过市场机制难以解决，但通过公正、规范的中介组织、行业自律能够解决的，应当通过中介组织和行业组织去解决，通过事中事后监督能更好解决的，不采取市场准入的方式去解决。”①

4.2.4　安全软件市场准入制度的选择

（1）产品准入

对安全软件行业而言，任何杀毒软件正式进入市场之前都必须经过特定机构的审查。诺顿“误杀”事件发生的原因，很大程度上就在于这种审查或准入机制的缺失。② 但对安全软件行业的发展应该采取什么样的准入制度，是对主体进行准入还是对产品、服务进行准入或对业务范围进行准入限制。我们认为，应依据我国安全软件行业的发展现状以及其他相关因素来做出选择，但无论采取何种准入制度都必须遵守一个原则：市场准入制度的适用结果必须是既能降低安全软件市场的风险，弥补现有法律及制度的不足，又不会降低市场竞争积极性，阻碍行业的发展与创新。

第一，如果采取主体准入制度，要求参与市场的主体在注册资本上达到一定数额，将会降低市场的效率，不利于安全软件行业的竞争与创新。对参与市场竞争的主体设置限制，将会导致大量的小企业无法进入市场参与竞争，影响市场竞争活力，不利于安全软件行业的长远发展。众所周知，安全软件行业是个新兴的行业而且竞争非常激烈，安全软件生产企业在发展中面临着很多困难与挑战，整个行业的快速发展需要社会和国家的大力支持。我们也应主动为整个行业的发展创造一个良好的发展环境，包括在政策、制度及资金上的支持，鼓励整个行业的创新与发展，完善相关法律为整个行业的快速发展保驾护航。而市场准入制度属于生产关系范畴，如果对市场参与主体的资格严格限制，将会阻碍一些市场主体进入市场参与竞争，不利于安全软件行业的发展与创新，对从事安全软件生产的企业，只要符合一般法律的规定即可，无须在规模或注册资本上达到一定标准。

第二，对是否采取业务范围的准入制度，我们认为现阶段也没必要。虽然安全软件行业的正常发展涉及的利益巨大，但对业务范围设置市场准入制度一般是针对影响国计民生或重大公共利益的行业，目前只有电信、邮政、烟草等行业采取的是业务范围的准入制度，对业务设置准入制度容易被暗箱操作且易形成垄断行业，在市场经济越来越成熟的今天，对业务范围的限制不利于安全软件行业的竞争，所以对业务范围设置准入制度是不利于安全软件行业发展的。互联网行业应是一个多元化、自由竞争的行业，凡是通过市场自身调解能解决的问题，应由市场自身去

① 赵小林：市场准入制度的法律经济学分析，载《法制与社会》2008 年第 11 期。

② 卢敏：诺顿“误杀门”的反思，载《软件世界》2007 年第 11 期。

解决，任何有碍市场竞争与发展创新的制度都应被禁止或抛弃。

第三，如果对安全软件行业采取产品准入制度，参与市场竞争的安全软件产品应符合准入的基本条件，如基本性能和稳定性要求、个人信息保护的技术措施、是否具有攻击性等，满足上述条件的信息产品方可进入市场，禁止不符合条件的产品进入市场。对安全软件质量设置市场准入制度，提高市场中安全软件的质量标准，可以更高效地维护用户系统的安全性，不但降低了市场风险，阻止一些质量低劣的产品进入市场，减少不正当、恶意竞争的行为，而且也有利于安全软件行业的创新与发展，提高了市场的效率，更有利于维护安全软件市场的秩序。

(2) 准则主义

在监管手段的采用上，也应本着有利于促进安全软件行业发展的原则。现阶段我国对不同的行业设置了标准不同的市场准入制度，这也就导致了市场准入监管的手段多种多样，根据现有法律规定，主要有“注册登记”、“许可”、“批准”、“职业资格”等。其中，“注册登记”是针对一般行业的市场监管而言，只要市场主体或产品符合规定的条件或标准，对企业或商品进行登记后，便可从事该行业的生产或竞争；“许可”一般指行政许可，即行政机关根据公民、法人或者其他组织的申请，经依法审查，准予其从事特定活动的行为。“许可”的使用范围是特定的，其主要是依据《行政许可法》规定而设置的；“批准”是指监管机关通过对申请的事项进行审查，对其中不违反规定的申请予以批准的行为；“职业资格”是指从事某些特殊行业的人员必须取得某种特殊的资格，包括从业资格和职业资格，典型职业是律师和医生，其目的主要是为了提高产品和服务的质量，维护市场、行业的安全与稳定，保护人民的利益。

对安全软件行业的监管手段而言，应采取注册登记的监管手段，许可、批准的监管过于严格，提高了安全软件行业的经营门槛，不利于安全软件行业的发展。从事安全软件行业经营，只要满足规定的相应条件，一经登记即取得经营资格，在制度的设计上必须有利于安全软件行业的发展，应为安全软件行业的发展创造一个良好的环境。注册登记便于经营主体进入市场，相比许可、批准而言减少不必要的审批程序，降低了暗箱操作的可能性，对中小企业和创业者非常有利，符合市场经济的精神。在制定市场准入制度的过程中，一定要向社会公众详细披露有关信息，贯彻公开原则，“公开是指市场准入制度应该通过法律的方式向市场公开，不仅要公开准入制度的内容，还要公开市场准入制度的程序和结果，根据有关机构和人员的职责、权限，建立便于公民、法人和其他组织监督的制度。”[①]只有过程公开、信息公开才能有效预防监管腐败、不公平的现象发生，使市场监管过程“阳光化”，接受来自

① 赵小林：市场准入制度的法律经济学分析，载《法制与社会》2008年第11(中)期。

社会各方面的监督，如官方和非官方的监督机构、社会媒体和广大消费群体的监督。

另外，企业如果符合安全软件行业准入条件，在履行完相关的程序后，就可以从事安全软件业务方面的经营，参与安全软件行业的竞争，但这并不意味着该企业可以永久地进行安全软件业务方面的经营。安全软件行业涉及的利益重大，需保证安全软件市场的安全与稳定，降低安全软件行业发展过程中的市场风险，这就需要对安全软件行业进行持续、全程监管，构建全过程的持续监管和适时的动态监管体系，进行实时监控和分析预警，从而对市场危机实行全方位、多层次的监管，规范安全软件市场主体的经营行为。

监管机关一旦发现安全软件生产企业有违法违规经营行为或有重大危机事件的发生，严重影响了企业生产，企业不再符合经营安全软件业务的条件，如继续进行安全软件业务方面的经营，可能会给市场带来严重的不良后果。此时，监管机关就可以通过市场退出机制予以处理，使该企业退出安全软件行业的经营。对违反法律法规、侵犯用户利益和扰乱市场正常经济秩序的企业予以严格的处罚，包括刑事、民事及行政处罚，尤其是加大经济方面的处罚，促使企业安全软件生产企业依法经营。市场退出机制，不但可以使相关主体免遭危机事件带来的不良影响，也可以降低危机事件给安全软件市场带来的冲击和风险。市场准入是市场监管的初级阶段，企业进入市场进行安全业务的经营后，重点是对企业的日常经营活动进行监管，在这个过程中，除了企业自身要进行严格的自我约束、自我监督，严格按照相关法律和规章制度的规定经营外，更重要的是依靠企业外部的监督，包括有关政府部门、媒体和公众舆论的监督。

4.3　安全软件市场信息披露制度

安全软件行业市场上存在盲目发展、不当竞争、侵犯用户权益及其他不当或违反法律法规的行为。造成这种现象的主要原因之一就是，安全软件市场信息披露制度不健全而导致安全软件生产企业之间及安全软件生产企业与用户之间的信息严重不对称。许多企业利用市场主体间的信息不对称进行不正当竞争，安全软件生产企业对本企业生产的安全软件产品的信息向用户披露严重不足，侵犯了用户的知情权，扰乱安全软件市场正常的经济秩序。由于信息披露不详细，导致在很多情况下用户的权益被侵犯后，而用户还不知情。企业在安全软件使用合同中，没有详细披露相关权利及正义解决办法，也是信息披露严重不足的具体表现。网络的快捷性、虚拟性等特性使得侵权行为的发生更加容易，网络侵权行为的发生更加普遍，而且侵权客体的范围也有所扩展，如虚拟物品、信息安全等，特别是针对个人信息的侵权行为越来越多。网络的虚拟性使得交易双方的信息更加不对称，保护消费者的知情权意义也就更加重大，这就迫切要求尽快建立健全安全软件市场信息披露制度。

4.3.1 信息披露的必要性

信息披露制度是市场监管的重要制度之一，它是指市场主体按照有关法律的规定，按照法定程序将其经营范围、产品、财务等有关信息公布于众的制度。其目的是为规范市场的良序竞争和保护消费者的知情权，通过企业的信息披露，既有利于监管机关的监督和消费者了解所用产品或服务的详细资料，也有利于促进企业经营能力的提高。信息披露制度是市场经济发展和信用社会化的必然结果，是建立公平、公正、公开的安全软件市场的前提之一，是市场健康运行的基础。在激烈的市场竞争中，信息的披露程度直接与企业的利益、消费者的权益以及整个市场的稳定相关，各企业为了使自己在行业内保持优势竞争的地位和对经济利益的追逐，可能只披露一些对自己有利的信息，对一些不利于自身企业发展的信息不予公开，且这些信息可能与消费者的利益有密切的关系，消费者对这些信息拥有知情权。同时，其他市场主体的经营决策也是建立在其所获取的市场信息的基础上的，而"由于信息不完善，成千上万的企业'事前的'分散决策很可能会导致'事后的'重复生产和无效率，从而导致资源配置不合理。"[①]在市场的实际的发展中，就是因为市场主体之间的信息共享机制不健全，信息严重不到位，而导致市场中盲目、不当竞争的现象更加严重，给市场监管也带来了较大不便。因此，应建立健全市场信息披露制度，为市场的发展提供准确、充分的信息，优化资源配置，减少盲目投资和竞争行为，降低市场风险。

现阶段我国信息披露制度主要指企业将其财务状况以及其他与经营有关的信息向市场或有关监管部门披露，针对安全软件行业的特殊性，本部分所论述的信息披露制度不包括安全软件生产企业财务、税收以及已上市的安全软件生产企业的证券的发行、上市与流通等一系列环节中的有关信息的披露，而是专门针对安全软件生产企业在生产经营中，尤其是在市场竞争过程中，因自己商业行为而影响到其他企业的利益时，应真实、准确、完整及时地以适当的方式向社会公众、市场竞争主体公开相关信息。最典型的例子就是某家互联网信息服务提供者对其他互联网信息服务提供者的服务或者产品进行评测时，应当将评测结果、评测方法、数据来源、用户原始评价、评测手段和评测环境等与评测活动相关的信息向社会或利益相关者进行披露。另外，安全软件产品的相关信息也应向用户披露，如兼容性、工作原理，尤其是涉及用户个人信息的内容，都要明确告知消费者，并由消费者自主选择

① ［美］斯蒂格利茨等：政府为什么干预经济，郑秉文译，中国物资出版社1998年版，第7页。

是否接受相关服务。

在安全软件市场中，由于信息披露制度的不健全，侵权和不当竞争行为时有发生，如利用信息的不对称欺骗用户做出一些选择，致使用户和一些企业的利益受到损害。同时，网络上也存在着很多风险，如利用木马、病毒攻击他人系统的行为，网络钓鱼，网络诈骗，非法收集，获取他人信息等行为，用户的隐私权、财产权等权利受到了严重侵害。安全软件的功能之一就是对病毒、木马等一切已知的对计算机有危害的程序代码进行清除，如反病毒软件为保护计算机系统安全会对系统进行实时监控和扫描磁盘，当遇到病毒、木马等对计算机系统有危害的程序代码时，将会提醒用户将其删除或予以处理，但当遇到系统不能马上识别的文件时，可能会将它们上传至后台的操作系统来进行识别，这可能侵犯用户的隐私权。因此安全软件企业应将产品在保护用户系统时的原理、程序以及是否收集用户个人信息等向用户披露。信息披露制度对安全软件行业的健康发展有重要的意义，因此，安全软件行业由于自身的特殊性，使其披露制度也有别于传统行业，除了参照现有法律法规的要求外，还应披露一些该行业特有的信息。

另外，安全软件行业中也可能存在以系统优化或清除有害程序为由，进行恶意竞争。安全软件在保护用户计算机系统时，会对系统内文件进行全部扫描，包括用户安装的其他企业生产的软件，当用户安装的安全软件提示用户某个已安装的软件存在安全隐患时，用户基于长久的信赖可能会对该软件进行卸载。在这种情况下，如果评测出现错误，或者就是恶意评测，对用户而言，既浪费时间和精力，又可能会给某些用户带来损失，尤其是对一些安装该软件的企业和用户而言。其次，对生产该软件的企业而言，这种恶意竞争的行为对它们是非常不利的，尤其当被评测软件占有很大的市场份额时，这种评测结果会使该软件在很短时间内失去大量的市场份额。所以安全软件生产企业在对其他互联网信息服务提供者的产品或服务进行评测时，应遵守《规范互联网信息服务市场秩序若干规定》的规定，如果评测方公开或向用户提供测评结果的，应当同时提供评测实施者、评测方法、数据来源、用户原始评价、评测手段和评测环境等与评测活动相关的信息。如果被评测的服务或产品与评测方的服务或者产品相同或者功能类似的，评测结果中不得含有评测方的主观评价，保证评测结果的公正性、准确性，防止以评测之名进行恶意竞争，谋取不当利益。

总之，我国现有的市场披露制度还不健全，尤其是对安全软件行业而言，有关信息披露的规定几乎处于空白状态，市场上存在盲目竞争的行为，甚至会导致有些企业利用制度的漏洞，进行不当竞争，逃避监管，破坏市场的正常经济秩序。安全软件行业在发展的过程中"摆脱不了它固有的局限性、自发性和盲目性。因为对利润的追逐使得信息的生产者对信息市场上价格的反应带有盲目性，对真正的社会信息需要不予理睬，它不能解决信息生产发展方向，所以纯粹信息市场并不能解决全部问题。”[①]因此，在独立的第三方评测制度建立之前，有必要加强市场信息披露制度的建设，将市场信息披露作为市场监管的一项重要手段，实现市场信息的有效分享，约束市场主体的不法行为，保护网络市场主体的合法权益。

4.3.2 信息披露的原则

安全软件行业信息披露制度对规范安全软件市场行为有极其重要的作用，信息披露制度的制定是否合理关乎企业和消费者的切身利益。在制定信息披露制度的同时必须遵守一些基本的原则，主要包括真实原则、准确原则、全面原则、及时原则和平衡原则。

(1) 真实原则

真实原则要求安全软件生产企业所披露的信息必须是真实的，不得弄虚作假。披露信息所反映的事实是客观存在的，如介绍产品功能的信息是真实的，与用户之间的协议所披露的信息是真实的，对其他种类的软件评测的结果、所依据的标准等信息是真实的。由于信息的不对称，消费者作出决定往往是依据企业所披露的信息，如果披露信息是虚假的，那就是对消费者的欺诈，消费者的权益将会受到严重的侵害，市场秩序也会受到影响。尤其在对其他软件评测信息失真的情况下，其实质是利用消费者的信任在进行不正当竞争。“信息披露义务人在信息披露中所描述的事实应有充分、客观的依据，真实性处于信息披露要求的首要地位。”[②]披露信息的真实性对安全软件市场的正常发展有非常重要的作用，信息披露义务人如果披露的信息不真实，那么准确、全面、及时、平衡的要求都将失去基础。

(2) 准确原则

准确原则要求安全软件生产企业信息披露的内容要准确，在语言上要简练。既要准确表达披露信息之用意，又要简明易懂，便于消费者理解，不能利用市场优势地位，使披露信息的语言表述上存在漏洞。包括披露信息内容的专业性较强、晦涩难懂，表述上用一些模棱两可、易引起歧义的词句等。在实际信息披露的过程中，安全软件生产企业除按照现有法律的规定准确披露相关的信息外，还应确保以下三个方面信息的准确性。一是对安全软件介绍的信息要准确，包括功能、兼容问题的表述等，不得弄虚作假，欺骗消费者。二是要准确分配企业与消费者之间的权利与义务，使双方的权利义务要明确，不能对消费者的权利加以限制，也不能对自己的义务予以免除。三是当一种安全软件对其他企业生产的软件进行评测时，依据的信息要准确，标准要明确，结果要有可信度。特别是在提示用户计算机系统存

① 马费成等著：信息经济学，武汉大学出版社 1997 年版，第 268 页。

② 赵旭东著：商法学，高等教育出版社 2007 年版，第 437 页。

在风险或某个网页存在风险时，提示消息一定要准确，这就要求安全软件企业提高安全软件查杀的准确性。为确保披露信息的准确性，在实践操作中，可以借鉴其他行业的做法，制定一定的标准来衡量披露信息的准确性，对披露信息中的一些概念、用语从行业的角度加以界定或解释，尤其是对一些比较容易产生歧义概念、用语。

（3）全面原则

全面原则要求安全软件生产企业依据现有法律法规或市场发展要求完整地披露有关企业、产品或服务的信息，不得隐瞒或遗漏有关信息。信息披露的全面性直接影响到消费者的利益和市场的正常经济秩序。安全软件生产企业在实际披露信息的过程中，应注意以下三方面信息的披露。

一是对安全软件产品说明的信息要全面，包括对产品的功能、工作原理、程序、使用限制、兼容性问题、安装程序以及其他关于本产品的信息都要进行详细说明，实现用户对安全软件产品的基本信息的知情权。

二是应全面界定企业与消费者之间的权利义务关系。企业与消费者的权利义务一般是通过产品的使用协议来明确的，但这种协议一般是企业事先拟定的格式合同，企业在拟定合同条款时，应尽量全面地列明双方之间的权利与义务，尤其关于消费者切身利益的隐私权、知情权等。同时，也应明确规定双方的行为规范以及发生纠纷后可采取的救济方式。

三是安全软件对其他企业生产的产品或服务进行评测时，其评测依据标准、程序以及评测结果等信息要全面披露，尤其是评测针对具有竞争关系的产品或服务时，要将评测结果依据的信息全面披露给被评测方。信息披露全面原则目的之一就是要防止某些市场主体利用评测、保护消费者权益之名，进行不正当竞争，破坏安全软件市场的正常经济秩序。

（4）及时原则

及时性原则要求安全软件生产企业信息披露在法定的时间内、以法定的方式将信息披露给市场的不同主体，以供各市场主体充分、合理的利用。披露信息及时性是信息披露完整性、准确性的进一步要求。[①] 及时披露信息可以在第一时间内做到信息共享，减少市场主体之间的信息不对称，降低市场发展中的行业风险。安全软件生产企业在披露信息时，应在恰当的时间以恰当方式向社会公众披露，各主体都可以以一定的方式获取信息，其中“及时”并不是要求信息披露越早越好，而应恰到好处。尤其遇到突发事件时，信息迟延可能会导致极其严重的后果，消费者的财产和人格利益将会受到侵害。

---

① 赵旭东著：商法学，高等教育出版社 2007 年版，第 440 页。

"及时原则"要求有关单位突发事件要及时调查、及时处理、及时披露事件调查结果,尤其是对社会正常秩序和公共利益有重大影响的突发事件。信息的及时披露有助于事件的解决,能有效防止个体事件向群体化事件转化。在现实操作中,信息及时披露的意义主要体现在两个方面。一是有助于缓解市场信息不对称的情形和保护弱势群体的利益,实现信息的公平利用。二是有助于防止谣言的产生与传播。信息的及时披露可以将谣言扼杀在萌芽之中,阻止其进一步的传播给社会的稳定造成危害。在规范信息披露的制度方面,可以将法律的强制性规定与行业协会的作用结合起来,共同保证相关信息的及时披露。

(5) 平衡原则

平衡原则要求有关机关在制定信息披露制度时,要注意平衡各种利益之间的冲突,具体来讲主要是平衡两方面利益的冲突。

一是平衡企业信息披露成本与收益之间的冲突,企业的信息披露越充分,透明度越高,花费的成本越大,而信息披露的成本全部由企业自身负责。另外,企业信息披露是面向全社会各主体的,而且披露信息具有商业价值,如果披露过于详细,会被竞争对手利用,可能会造成本企业的收入减少。从经济学的角度来讲,应在信息披露所花费的成本多少与所能获得经济效益的大小两者之间进行权衡,寻求平衡点,以实现公平披露信息。

二是平衡消费者知情权与企业商业或国家秘密权之间的冲突,该冲突实质是个人利益与企业或国家利益之间的冲突。信息披露制度的目的就是促进市场主体之间的信息平衡,从而减少不正当竞争,保护市场的正常经济秩序。消费者对自己使用的产品或享有的服务具有知情权,理解的信息越充分越有利于保护自己的权益,而企业却不想过多地披露自己的信息,因有些信息会涉及商业秘密,此时消费者的知情权与企业的商业秘密权就发生了冲突。因此在制定信息披露制度时,要在上述冲突之间寻找一个平衡点,对信息披露的范围进行考量,一方面要提倡市场信息在全社会范围内的共享,提倡市场信息的公开、透明;另一方面还必须对涉及企业商业机密的信息进行保护,两者相互协调。

4.3.3 现行信息披露制度的缺陷

(1) 信息披露制度的滞后性

我国的信息披露制度发展已二十余年,但缺乏系统科学的披露制度,同时制度本身存在诸多缺陷,许多信息披露人仍可以利用制度的漏洞来实现自己的违法目的。现有的信息披露内容主要是公司的财务会计信息和重大事项,但针对安全软件行业经营过程中的信息披露的规定及制度几乎处于空白状态,如信息披露的内容、格式、方式、时间等,只有最近工信部出台的《规范互联网信息服务市场秩序若干规定》中,针对安全软件生产企业在经营过程中应披露一些信息,但也只是原则性的规定,缺乏操作性,对信息披露的时间、方式等内容完全没有涉及,导致一些企业可以利用信息披露时间差,影响相关企业及时获得相关信息,从而获取不当利益。只有在科学、健全的信息披露制度的基础上,信息披露的真实性、可靠性和可比性才能得到保障。① 由于缺少信息披露的监督机制,许多企业对一些对自己不利的信息就不予公开,导致相关市场主体及消费者的知情权得不到保障,增加了市场的不稳定因素。

(2) 信息披露不完整、不及时

安全软件行业信息披露制度不健全、缺少法律的强制性规定,导致企业有选择性地对信息予以披露,许多对企业发展不利的信息用户都一无所知。《消费者权益保护法》第八条规定:"消费者有权根据商品或者服务的不同情况,要求经营者提供商品的价格、产地、生产者、用途、性能、规格、等级、主要成分、生产日期、有效期限、检验合格证明、使用方法说明书、售后服务,或者服务的内容、规格、费用等有关情况。"现在安全软件生产企业对其所提供的安全软件产品的"运行原理、安全性能等具体情况和网络服务的相关信息并未向用户做出很到位的告知、提示、披露与保证"。② 信息披露的范围不完整,很多涉及用户切身利益的信息多没有予以充分的披露。而且信息披露还非常滞后,很多信息在第一时间得不到披露,严重影响市场的稳定。如工信部出台的《规范互联网信息服务市场秩序若干规定》中虽然规定对互联网信息服务提供者的服务或者产品进行评测的相关信息应予披露,但并没有对披露时间予以严格规定。由于用户技术知识欠缺,很多情况下直到权益遭到侵犯后,才发现是由于相关信息不对称而引起的。在日常的交易中,用户对产品的选择完全取决于经营者的信息披露程度,信息披露的不完整、不及时直接会影响用户的利益。

(3) 信息披露法律责任制度不科学

目前针对安全软件生产企业在生产经营过程中信息披露进行规定的只有《规范互联网信息服务市场秩序若干规定》的第 6 条:"对互联网信息服务提供者的服务或者产品进行评测,应当客观公正。评测方公开或者向用户提供评测结果的,应当同时提供评测实施者、评测方法、数据来源、用户原始评价、评测手段和评测环境等与评测活动相关的信息。评测结果应当真实准确,与评测活动相关的信息应当完整全面。被评测的服务或者产品与评测方的服务或者产品相同或者功能类似的,评测结果中不得含有评测方的主观评价。"而且对违反信息披露制度的处罚,主

① 郝新东、邓慧:我国保险机构市场退出机制分析,载《金融教育研究》2011 年第 3 期。

② 刁胜先:网络自由不能承受之忧——从 3Q 大战看网络用户民事权益的保护,载《重庆邮电大学学报》2011 年第 2 期。

要是行政处罚或民事责任，而且处罚数额比较低，如上述规范规定："评测方违反本规定第六条的规定的，由电信管理机构依据职权处以警告，可以并处一万元以上三万元以下的罚款，向社会公告。"处罚力度低对现阶段的互联网巨头而言根本起不到威慑作用，相反，许多企业反而利用低违法成本来进行不正当或恶意竞争。

4.3.4 安全软件行业信息披露制度的完善

1. 构建信息披露制度的框架体系

首先，应扩大安全软件生产企业信息披露的范围，不应仅仅限于财务信息、证券信息等。披露的信息范围应予以扩大，应针对安全软件行业特有的情况来确定信息披露的范围，包括合同权利义务的准确分配与披露、运行原理、安全性能等具体情况和网络服务的相关信息并未向用户做出很到位的告知、提示、披露与保证、对其他互联网服务提供者的服务或者产品进行评测时所依据的评测方法、数据来源、用户原始评价、评测手段和评测环境等与评测活动相关的信息等内容，都要向消费者详细披露，建立安全软件行业的信息披露制度的框架。

在建设信息披露制度框架体系的过程中，应以政府部门为主。政府负有社会组织的任务，依法发起、设立、组织安排职能部门或机构并授予相应的权利来完成信息披露的目标，是信息披露制度的建设者。[①] 因此，监管部门应加快安全软件市场信息披露制度与规则的完善步伐，对披露的内容、格式、方法以及信息披露时间加以明确规范。同时，应充分发挥第三方组织的作用，鼓励支持第三方组织积极参与框架体系制定的各个阶段，充分吸纳各方的意见，建立政府管制与第三方组织结合的方式共同对安全软件行业信息披露的监管。

2. 明确安全软件市场信息披露的具体规则

明确安全软件行业信息披露的具体规则对确保信息披露的公正性、全面性有重要的作用，促进安全软件行业的稳定和健康发展。具体规则的明确有利于指导和规范企业的披露行为，提高市场主体间的信息对等性，防止暗箱操作和不正当竞争行为的发生。针对安全软件行业的特殊性，应明确安全软件企业信息披露的具体内容和方式。

（1）信息披露的内容

安全软件生产企业信息披露的内容除了企业有关的经营状况等信息外，还要将安全软件行业生产经营过程中需要特别予以披露的内容包括以下几个方面。

首先，安全软件生产企业或经营者应将安全软件的质量、功能、使用限制、兼容

① 余芸春：上市公司信息披露制度建设，中国社会科学院研究生院博士学位论文。

性问题、安装程序、运行原理、安全性能、隐私保护政策以及其他具体与网络服务有关的信息予以披露。

其次，企业要将评测信息进行披露，尤其要告知被评测者。《规范互联网信息服务市场秩序若干规定》中规定："对互联网信息服务提供者的服务或产品进行评测，应当客观公正。评测方公开或者向用户提供测评结果的，应当同时提供评测实施者、评测方法、数据来源、用户原始评价、评测手段和评测环境等与评测活动相关的信息。"

再次，要将用户在应用安全软件过程中的权利义务进行全面披露，尤其涉及用户切身权益的行为，企业要做到全面的披露，将各种情况披露给用户，如是否会收集用户的个人信息，收集的范围、方式以及之后的处理过程等信息。安全软件生产企业应将服务合同的特殊用语的含义或所涵盖的范围予以具体说明，向用户进行详细的披露，如关于"隐私"和"个人信息"范围的界定，所包含的内容都要向用户予以详细的披露，因为现阶段对以上概念所涵盖的范围没有统一的界定，如《360用户隐私保护白皮书》将"个人信息"界定为通常意义上的隐私信息，在互联网安全领域，个人隐私信息涉及以下六个方面：用户的直接联系信息、用户自然信息、用户社会信息、用户社会网络信息、用户财务信息、用户虚拟空间信息。[①] 而其他企业在对个人信息的定义却与之有些不同，所以对这些特殊用语的含义内容要予以明确，并向用户披露。

最后，在保守相应商业秘密的基础上，披露其他具有重大实质内容的信息，包括一些重大事实、重大变化、重大信息在内的可以影响安全软件市场安全与稳定的事项，涉及重大的社会利益或公共利益，不予披露将会对社会产生重要的影响。

(2) 信息披露的方式

信息披露的方式是指信息披露的手段或渠道。在现阶段企业进行信息披露的方式主要有两种。一是通过传统的媒体或系统披露，如电视、广播、报刊等。二是通过互联网进行信息披露。就安全软件行业而言，一般是通过互联网进行信息披露，包括对安全软件产品功能和质量的介绍，以及在服务提供过程中企业用户双方之间权利义务等信息的披露。

对于其他对行业竞争、发展和稳定有重大影响的信息必须通过传统媒体进行公开，必要时应将披露事项主动地通知给利益相关人。在具体操作时，首先要做到要按法律规定的时间，以法定的形式进行规定，包括披露信息采用的语言文本；其次将信息披露文件置于公共的地点供与查阅，通过互联网进行披露的，应将披露的信息置于网页的明显处，并予以特别注明，不得与其他信息相混淆，如果发生变更，

---

① 《360用户隐私保护白皮书》，http://www.360.cn/privacy/v2/gaishu.html，2013年5月16日访问。

必须在显著的位置发布更改通知，并指引用户搜索所更改的信息；最后，信息披露的内容及格式必须便于用户阅读、下载，在语言的使用上要简明扼要，既能准确表达用意，又不太冗陈繁杂，便于用户的理解，提高信息的使用效率。在信息披露的格式与标准上，可以结合安全软件行业信息披露的特点，参照《股票上市规则》、《关于公开发行证券公司信息披露内容与格式准则》和《公开发行证券公司信息披露编报规则》对上市公司信息披露的格式与标准的规定进行公开。

3. 完善信息披露方面的立法

现阶段针对信息披露制度的有《公司法》、《证券法》、《股票上市规则》、《股票发行与交易管理细则》、《上市公司信息披露管理办法》等法律，这些主要是针对财务信息以及影响上市公司股价的信息的披露等。关于安全软件市场经营过程中的信息披露的规定只有工信部出台的《规范互联网信息服务市场秩序若干规定》，而且只是概括性的规定，对信息披露的时间、方式等具体操作的过程缺乏明确的规定。综上，现有针对安全软件行业信息披露的立法非常滞后，具体表现一是在量上，具有可操作性的立法非常少，已不能适应行业的发展要求；二是表现在效力级别上，立法层级较低，大多是部门规章。因此，国家应加快网络立法的步伐，尤其是针对安全软件行业监管层面的立法。另外，在相关立法不能及时出台的情况下，行政监管的作用就至关重要，应发挥行政政策的灵活性，网络监管部门要紧密关注安全软件行业的发展，及时发现并解决问题。

4. 加重违反信息披露制度的法律责任

信息披露主体要准确、全面地将相关信息向市场披露，不得隐瞒或提供虚假的信息。对在信息披露中提供虚假信息隐瞒重要事实的有关人员要追究相应的责任并予以处罚，尤其是利用信息披露不全面、信息不对称进行不正当竞争的有关单位和人员，应依法预处理，造成后果严重的，可以通过市场退出机制责令其退出安全软件业务的经营。如《规范互联网信息服务市场秩序若干规定》第十七条规定：评测方违反本规定第六条规定的，由电信管理机构依据职权处以警告，可以并处一万元以上三万元以下的罚款，向社会公告。

但现阶段由于针对安全软件生产企业信息披露制度的法律层级低，导致违反信息披露制度的责任较低，不利于信息披露的真实、完整、准确、及时和公平。违法责任较低主要体现在两个方面。一是在责任的性质上，现有法律对违反信息披露制度规定的涉及的责任主要是行政责任，很少涉及刑事责任，很难制止违反信息披露制度行为的发生。二是处罚的力度较小，主要是指在处罚的金额上。如违反《规范互联网信息服务市场秩序若干规定》第六条规定，由电信管理机构依据职权处以警告，可以并处一万元以上三万元以下的罚款，向社会公告。如此之低的处罚力度，对现在的安全软件生产企业而言可能没有任何威慑作用，低成本违法会促使他们信息披露不真实、不完整、不公平和不及时。当然，处罚金额太低也是由该规范的性质决定的，因该规范是部门规章，因此处罚力度有限，所以，应加快人大层面的立法，加大对违反信息披露制度的处罚。

5. 加强对安全软件企业信息披露过程的监督

信息披露制度顺利执行，除了依靠法律和行政手段外，还要加强对安全软件生产企业信息披露过程的监督，防止不当披露信息的情形出现。实时的监督能够在第一时间发现和解决问题，促使安全软件生产企业依法进行信息披露。监督主体应多样化，除了发挥政府监督部门的职责外，还应充分发挥第三方组织和广大社会媒体的监督力量，尤其是第三方行业协会的作用，与政府监管的目的是促进公共利益以及企业的目的在于促进个体利益最大化不同，行业协会的宗旨主要在于促进本行业的集体性利益或共同性利益。[①] 行业协会的非营利性、中立性等特点使得在监督信息披露的过程中更公正、高效。这点黑格尔对行业协会特征进行揭示时就有明确地指出："同业公会的普遍目的是完全具体的，其所具有的范围不超过产业和它独特的业务和利益所含有的目的。"[②]多方面、多渠道的对安全软件生产企业信息披露进行监督，促使信息披露真实、完整、准确、及时和公平，为用户进行选择提供充分的信息和市场发展的预测提供详细的信息。鉴于我国安全软件市场机制不健全，监管人才比较缺乏，可以与国外的监管机构进行交流与合作，学习先进的经验，在此基础上建立相互信任的良好关系，并为以后建立跨境信息披露追踪和预警打下坚实基础。

4.4　安全软件市场危机处置机制

4.4.1　典型事件

事件一：诺顿"误杀"事件

2007 年 5 月 18 日，诺顿杀毒软件的一次正常升级带来了灾难性的后果：诺顿升级到最新的病毒库后，Windows XP 的关键系统文件被当作病毒予以清除，安装了 MS06-070 补丁的 XP 系统，如果将诺顿升级到最新病毒库，诺顿杀毒软件会把系统文件 netapi32.dll、lsasrv.dll 隔离清除，从而造成系统崩溃。据保守估计，这次"误杀"至少使国内五万台电脑受到了影响，诺顿"误杀"事件给很多电脑用户造成巨大损失。5 月 19 日下午，赛门铁克针对"误杀"事件发表官方声明，确认软件

---

① 李昌麒著：经济法学，法律出版社 2008 年版，第 153 页。

② [德]黑格尔著：法哲学原理，范扬、张企泰译，商务印书馆 1965 年版，第 248 页。

误删除 Windows XP 系统文件，但直到 6 月 25 日赛门铁克才正式公布赔偿方案：受影响的诺顿个人用户将可享受额外 12 个月的许可证延长，并免费获赠诺顿储存还原大师 2.0 软件。受影响的企业级用户将根据受到影响的计算机数量享受 Ghost 解决方案套件(Ghost Solution Suite)授权许可。但该方案不但对“赔偿”二字避而不谈，更没有涉及网民所关心的经济补偿问题。

事件二：3Q 之争

始于 2010 年 9 月底的 3Q 之争已经成为中国互联网行业的经典案例。这场“世纪大战”历时近两个月，后因工信部等部门的介入而“尘埃落定”。[①]

通过诺顿“误杀”事件和 3Q 之争，我们可以看到安全软件行业在发展的过程中会遇到市场危机，给企业的经营和安全软件市场的稳定带来巨大挑战。当市场发生危机事件时，相关部门并不能在第一时间介入并解决问题。造成这种现象的原因一方面是由于我国监管制度的不健全，不能在第一时间发现并解决问题；另一方面是由于我国的相关法律严重滞后，不能为监管机构准确判断相关市场行为的违法性提供准确依据，造成想解决问题却无从下手的尴尬局面。总之，上述结果是我国目前互联网领域监管失灵与法律缺失情境下的一种必然结果。

当然安全软件生产企业在经营的过程中遇到的危机事件，既包括一些传统企业也会遇到的危机事件，如因资金短缺造成企业的经营困难等，又包括一些安全软件行业特有的危机事件，如误删、恶意评测等行为引起的不正当竞争行为等。在市场竞争的过程中，由于各种风险因素的存在，市场危机不可避免。市场危机也是市场自身调节的一种方式，危机使一些经营困难、不适合市场发展的企业退出市场，达到优胜劣汰的结果。但市场危机会阻碍整个行业的发展，给整个市场带来了负面影响，对一些不适合继续参与市场竞争与经营的企业，可以通过市场退出机制使其退出安全软件行业的经营。因此，我们应加强对安全软件市场风险的监控，加快安全软件市场危机处置机制的完善步伐，争取在市场危机萌芽阶段察觉并采取适当的措施，做到科学防控、科学决策，合理地解决危机事件给市场所带来的各种风险和矛盾，防止危机事件进一步扩散给整个网络市场带来更大的动荡。

4.4.2 危机之原因

(1) 大规模“误删”

大规模的误删事件会给互联网行业的发展带来损害，侵犯了用户的权益，降低用户对安全软件行业的信任度。以诺顿误杀事件为例，赛门铁克公司生产的诺顿杀毒软件在升级病毒库后，把用户 Windows XP 系统中的可执行文件当成病毒文

---

① 黄立君、杨芳：3Q 之争——监管失灵与法律缺失情境下的企业行为选择，载《广东商学院学报》2011 年 5 期。

件予以删除,导致大量用户的操作系统崩溃。但由于安全软件行业没有完善的危机处置机制,导致在处理此次误删事件中,尽管事后赛门铁克公司公开致歉,并作出了一些补偿措施,具体表现在使用其产品的优惠政策上,但这并不能使广大用户感到满意。① 危机处理机制的不健全,导致作为弱势群体的用户的权益往往得不到有效的保护。

(2) 不正当竞争

安全软件市场的竞争非常激烈,各生产企业采用各种手段来扩大自己的市场份额,对利益的追逐会引发不正当的竞争行为,预期的低成本违法会使企业在经营过程中无视法律和制度的存在,尤其是当进行不正当竞争的两家企业所占的市场份额巨大时,其不正当竞争的行为往往会导致用户的权益受到严重的侵犯。安全软件生产企业在生产经营及参与市场竞争的过程中,会出现各种形式的不正当竞争行为,如未经用户同意擅自安装一些软件或擅自上传用户系统中的文件,侵犯用户个人隐私;对其他互联网信息服务提供者的产品或服务的安全性、质量、功能等方面恶意地自行组织评测并发布评测结果,达到诋毁对方商誉、降低对方市场份额的目的;人为的使本企业生产的安全软件产品与其他企业的安全软件产品不兼容,甚至逼迫用户进行“二选一”等不正当竞争行为。在上述行为的过程中用户的选择权、知情权、隐私权等都会遭到侵犯,严重扰乱了安全软件市场正常的竞争秩序,如果没有健全的危机处置机制,很容易引起大规模的市场危机,阻碍安全软件行业的正常发展。以3Q之争为例,由于各种原因的存在,使事件在初始阶段没有得到有效的解决,进而导致势态的进一步扩大,给整个安全软件行业的发展带来了严重的市场危机与挑战,其根本原因就是不正当竞争行为发生没有得到及时、有效制止。

4.4.3 危机管理机制

在市场经济发展过程中,市场危机是不可避免的,互联网行业的发展也不例外。危机实际上是新旧两种风险机制冲突,而出现大量失控、失范、混乱和无序的产物。危机是风险打乱原有体系或部分体系运转,而使体系内权数发生急剧与突然变化的结果。② 对新兴的安全软件行业而言,市场机制不健全,相关法律滞后,市场风险的发生更加频繁,而在现阶段消费者的维权意识普遍较低,导致安全软件市场的各种不良行为愈演愈烈,企业与消费者的合法权益受到严重的侵犯。而在以互联网为代表的新经济产业这样一些特殊的领域里,产品的消费已经完全不同于传统的实体产业,相关的经营者和消费者的利益并没有随着产品的一次销售和

① 黄秋盈:诺顿误杀引发索赔案,载《中国审判》2008年第8期。

② 扬帆:金融危机处置与退市法律保障,中国社会科学出版社2003年版,第3页。

消费而脱离，而是随着消费者的使用更紧密地结合起来。[①] 安全软件对维护用户、企业的系统安全以及整个网络安全问题都起着至关重要的作用，安全软件行业的稳定与安全涉及的利益极其重大，不但影响着数以万计用户的切身利益，而且对整个互联网行业的安全与稳定也有重大的影响。再加上近年来网络安全问题备受关注，因此，我们更应提高安全软件市场危机处置的能力，加强安全软件市场危机处置机制的建设，妥善解决安全软件市场危机带来的各种风险。

1. 安全软件市场危机的类型

依据不同的标准，我们可以将市场危机分为很多不同的种类，如依据危机涉及范围的不同，我们可以将安全软件市场危机分为个体危机和市场危机两种。个体危机是指某一个安全软件生产企业在实际生产或经营中，因遇到某种特殊的情况，生产或经营面临极大的困难而产生的危机。这种市场危机的产生一方面是由于激烈的市场竞争、优胜劣汰所致，企业难以应付市场发展过程中所遇到的危机与挑战，致使经营困难；另一方面可能因为某些企业未完全市场化、不良资产比例高、管理决策机制不健全、资产配置失误、资金短缺、盈利能力差等原因而引起的经营危机，当然也不能完全排除个体危机的产生是由于一些企业的不正当竞争而引起的。市场危机是指安全软件市场或行业整体发生的危机，其给整个社会所带来的破坏力要远远高于个体危机给社会所带来的。而我国安全软件市场的现状是：几家安全软件企业独大，占据着市场极大份额，对于这种情况，安全软件市场个体危机可以等同于整个安全软件的行业危机，此时的“个体危机”给社会带来的危害后果已经大大超出了一般意义上的“个体危机”给社会带来的危害后果。

2. 我国安全软件市场危机处置机制的完善建议

现阶段，我国虽在市场危机处置方面的立法已取得了很大的进步，如《中华人民共和国戒严法》、《破坏性地震应急条例》、《台风应急条例》以及我国《银行业监督管理法》中对银行业突发事件的规定等，但这些法律大多是对有关的自然灾害和特定行业做出的具体规定，与世界发达法治国家相比，在应对市场危机方面的立法还存在较大差距。尤其是涉及互联网行业危机事件处置的立法更是差距甚大，只有少数几部规章涉及，如 2009 年工信部发布的《互联网网络安全信息通报实施办法》中要求电信业务经营者报告网络安全信息的相关规定，已远远不能满足行业发展的需要。因此，为了更加合理地保护企业、消费者的权益及更加有效地处理安全软件市场的危机，应建立健全相关的制度和完善有关法律法规，特别是安全软件市场危机管理机制的完善，整合现有管理机构职能，建立专门应对安全软件市场危机的机构，加快应对安全软件市场危机快速处置队伍的建设，提高安全软件市场危机管

① 王恒、曹家华：“腾讯 QQ”与“360”之争的反垄断分析法分析，载《湖北经济学院学报》2012 年第 1 期。

理专业化水平，及时察觉与处理影响市场稳定的突发事件，尽量将安全软件市场危机给社会带来的损害降到最低。参照国外的先进经验并结合我国的实际状况，我们应从以下三个阶段来完善安全软件市场危机管理体制：危机预警阶段、危机控制阶段、危机恢复阶段。

（1）危机预警阶段

危机预警阶段是指在安全软件市场的发展过程中，尽可能地发现任何可能危机市场秩序的征兆或隐患，并将所有的不利因素消灭在萌芽状态中，防止势态蔓延造成更大危害后果。在这个阶段，一方面要加大危机预警的宣传力度，增强人们对安全软件市场的危机意识，尤其是对从事安全软件生产的人员的宣传，使他们在思想上牢固树立危机观念，增强危机意识，促使他们在做出任何市场行为时都是谨慎的；另一方面要建立有效的信息传输和处理系统，完善公共信息和信息披露制度，特别是对那些涉及重大公益的灾难性信息，就更应该及时准确地提供给公众。[①]对安全软件市场的危机争取做到早发现，早控制，早采取措施，因此，我们可以借鉴其他行业的先进经验，建立一套能够识别危机的特殊体系，包括识别标准、危机评估标准等一系列标准，通过对安全软件市场中已经暴露或潜在的各种因素进行分析，进行一系列的标准检测，科学地处理和判断这些信息，并依据这些标准判断安全软件市场的危机程度，提出应对措施，做到科学预防、科学决策。

（2）危机控制阶段

危机控制阶段是处理安全软件市场危机的关键阶段，尤其是在市场危机发生后，要积极、有效地防控与应对，并防止危机进一步扩大。

安全软件市场监管部门及生产企业在危机发生后，要快速反应、快速决策，在第一时间采取科学合理的应对措施，将危机带来的影响降到最低。这就要求监管机构提高危机管理能力，在危机面前要敢于决策，在危机发生后，要争取在第一时间发出预警，迅速采取果断有力的处置措施，并成立应急现场指挥中心，启动应急处置预案，下达各项应急处理指令，协调有关部门之间的行动，以防止危机进一步恶化。[②] 在协调有关部门之间的行动时，要特别注意与企业间的协调，加强危机处理部门与企业间的信息共享，共同防范安全软件市场危机的进一步扩散。

加大危机控制阶段信息的透明度。安全软件市场的安全与稳定与广大互联网用户的利益密切相关，在处理安全软件市场危机时，要保持信息的高度透明，及时向社会大众公布有关信息，使社会大众准确了解势态的进展情况。保持信息的透明度，一方面保障了消费者的知情权，使消费者对危机势态的发展有全面的感知，避免出现恐慌心理而引起混乱；另一方面也可以防止暗箱操作，防止任何利用危机

---

① 吴春华，温志强：政府公共危机处置的阶段划分与管理对策，载《北京行政学院学报》2005 年第 1 期。

② 吴春华，温志强：政府公共危机处置的阶段划分与管理对策，载《北京行政学院学报》2005 年第 1 期。

进行不正当竞争行为的发生，在处理危机时做到科学决策，公平处理，对任何不利于安全软件市场发展的行为坚决予以制止，防止任何单位和个人利用市场危机谋取不当利益。

(3) 危机恢复阶段

危机恢复阶段是指市场主体从安全软件市场危机中的恢复，包括对陷入市场危机的有关主体的救助和对消费者损失的弥补。

首先，危机处理部门(包括政府部门、企业和第三方组织)要对安全软件市场危机有整体的认识，科学制定恢复计划，包括对整个危机事件的原因进行全面的调查、聘请专门的机构对安全软件市场危机事件造成的损失进行评估等。

其次，一方面要对各方的损失进行评估，尤其是给消费者造成的损失，全面理赔，对消费者的损失进行补偿；另一方面要追究造成安全软件市场危机的企业和主要责任人员的法律责任，尤其为了谋取经济利益而进行不正当竞争引发市场危机的情形，对违法单位要坚决予以处罚，情节严重的可以依据相关规定采取接管或暂停上市等措施。在危机事件中，对监测、预警不到位以及负有对安全软件行业监督职责的有关单位和个人的应追究责任。

再次，加强危机事件过程中各主体的沟通与协调，尤其与消费者的沟通，要真实、准确、及时地向消费者发布危机的有关信息，避免网络谣言的传播，告知消费者在处理过程中应注意的情形，指导消费者做出合理的选择，恢复危机事件带来的不良后果。监管机构也要和相关市场主体进行沟通与协调，共同消除危机事件带来的不良影响，维护安全软件市场的正常秩序。

安全软件市场的安全与稳定不但与广大网络用户的切身利益密切相关，而且还与市场经济的繁荣和社会的稳定有关，为确保安全软件市场的正常发展，保证广大用户的利益，急需对安全软件市场的危机处理机制加以完善。尤其对大范围的涉及网络安全问题的危机事件，危害后果会涉及国家安全和利益，对此种情况应从国家战略的高度着手进行危机的预防、控制处置与恢复，可以借鉴其他国家的先进经验成立专门的部门应对网络安全危机事件，对市场危机进行研究并制定相应的危机处置方案，提高应对危机事件的科学性，构建统一的危机管理与应对系统。

在处理安全软件市场危机事件时，相关主体的权益可能会受到限制甚至侵犯。因此，在制定相关的法律或制度时，应以权利保障和效率原则为考核标准，一切立法或制度的设计，都应对此进行综合考量并在两者之间寻求平衡点。“在对各种有关危机状态的制度和规范设计上，尽可能做到二者兼顾，既有利于控制行政机关滥用紧急权利和保护公民权益，又有利于提高行政机关应对危机事件的效率。在某些情况下，危机状态制度的设计可能难于兼顾二者：控权即难于提高效率，提高效率即难于控权。对于这种情况，则应具体情况具体分析。”[①]保证在安全软件市场危机处置的过程中，既兼顾效率原则，避免各主体的权益受到进一步侵犯，又确保在整个危机事件处理的过程中不存在滥用职权或侵犯他人权益的行为。经验上既要参考国内外各行业的先进危机处置制度，又要结合我国安全软件行业发展的自身特点，将效率和权利保障原则贯穿于制度设计的始终，确保制度的科学合理性。

4.4.4　市场危机处置方式

危机处置方式是指市场危机发生后，有关监管部门依法采取的监管手段，使市场或危机主体尽快从危机中恢复过来，将危机给社会以及行业的发展带来的损害降到最低。如因大规模的误删而引起的市场危机，需要企业和相关监管部门及时地对危机事件进行处理，不但要帮用户恢复被误删的文件，而且也要对用户的经济损失予以补偿。类似的危机事件既会给企业带来信用危机，也会带来经济危机，严重情况下会使企业的经营面临困难，因此需要建立完善的市场危机救助机制，帮助企业、市场尽快从危急中恢复过来。本部分所叙述的危机处置方式是指安全软件行业中个体危机处置方式，具体方式主要包括以下内容。

(1) 设立行业风险基金

安全软件生产企业在日常的经营过程中会遇到风险，包括经营亏损、因大规模误删而需要承担的赔偿责任等，需要大量的资金予以支持，这种情况下会给企业在资金链上造成很大的困难，有时会使整个企业因此而破产。而当企业所占的市场份额较大时，即大量的用户在使用该企业生产的安全软件，如果不对该企业进行救济或进行妥善的处理，很可能就会对广大用户的权益进行侵犯，而不法分子也会利用这个机会进行非法行为，侵犯广大用户的权益，破坏社会的正常秩序，因此需要对这些企业加以救济。

为解决资金的短缺，安全软件行业内的企业可以设置行业风险基金，如交易风险基金和赔偿基金等。“一旦市场主体因严重亏损、遭遇违约、承担赔偿责任等重大交易风险而身陷困境，就可通过各种风险基金出资救助，维护交易双方的合法权益，避免危机恶化而引起市场动荡。风险基金的最大优势在于可以有效分散风险，以市场的手段解决市场中出现的问题和困难，且比国家救助来得及时有效，并可以避免道德风险。”[②]另外，也可以建立民间互助机制，在企业资金短缺时，通过该机制获得资金上的支持，帮助企业渡过难关。

---

① 戚建刚：我国危机处置法的立法模式探讨，载《法律科学》2006 年第 1 期。

② 吴弘、胡伟：市场监管法论——市场监管法的基础理论与基本制度，北京大学出版社 2006 版，第 117 页。

(2) 退出安全软件业务的经营

安全软件生产企业如果在生产经营过程中因资金、技术、信誉危机等原因引起的经营危机，如果使企业不再具备或者不适于继续经营与安全软件经营有关的业务，或者因恶意侵权等不正当竞争行为及其他违法违规行为，严重扰乱了安全软件市场正常的经济秩序。对此，监管部门应责令企业退出安全软件业务的经营，并依据法定的程序对相关事项予以处理。在这个过程中，也需要政府管理机构制定明确的经营安全软件业务的资格标准，如果企业不符合该标准则不允许从事安全软件业务的经营，同时如果安全软件生产企业在经营的过程中因一些原因而丧失了该资格，就应责令这些企业退出安全软件业务的经营，这就需要对安全软件行业市场监管的相关制度予以完善，建立健全安全软件行业市场退出机制。

4.5 安全软件行业市场退出机制

安全软件行业内的市场退出是指安全软件生产企业停止经营与安全软件有关的业务，退出安全软件市场。通过市场退出机制，使一些陷入困境、无竞争力、难以继续发展或者严重违法的企业退出安全软件业务的经营，避免安全软件行业内个体危机或者严重的违法行为演化成安全软件行业甚至整个网络行业的危机。安全软件市场退出机制的建立有利于促进安全软件市场公平、正常的竞争，促进整个行业的安全与稳定，是适应市场经济发展的必然要求。一个成熟的市场退出机制能够妥善应对，并合理化解或降低市场危机带来的风险和矛盾。

然而，我国目前在市场退出机制的立法和制度建设方面相对于市场的发展程度还十分滞后，虽然在多年的市场经济发展中，在某些方面已积累了一些经验和教训，但总体来讲还是比较落后的，很难合理应对市场在发展过程中遇到的问题。尤其是涉及安全软件行业的，不但立法几乎是一片空白，而且还无经验可循。现有法律法规中，只有几部法律法规涉及市场退出，而且只是原则性规定，如《计算机信息网络国际联网安全保护管理办法》第 21 条规定对从事国际互联网业务的单位和个人“可以给予六个月以内的停止联网、停机整顿的处罚，必要时可以建议原发证、审批机构吊销经营许可证或者取消联网资格。”《互联网安全保护技术措施规定》第 15 条规定“违反本规定第 7 条至第 14 条规定的，由公安机关依照《计算机信息网络国际联网安全保护管理办法》第 21 条的规定予以处罚。”对于安全软件行业的市场退出机制，既没有具体的立法加以规定，又缺少市场退出的配套机制，导致安全软件市场的秩序比较混乱，在市场危机中用户的权益得不到保护，侵权现象和不正当竞争行为时有发生。因此，我们应尽快建立和完善安全软件行业的市场退出机制，促进整个行业的健康发展。

4.5.1　市场退出的方式

依据我国安全软件行业的现有情况，可以将安全软件企业分为两类：一类是业务范围只涉及安全软件，我们可以称之为完全安全软件企业；另一类是安全软件产品只是该企业产品或服务中的一种，我们可以称之为非完全安全软件企业。市场退出的分类有很多种，如依据市场主体行使市场退出权的意思自治程度的不同可以将市场退出分为主动退出[①]和被动退出[②]；依据市场主体退出市场的程度不同可分为市场主体的全部退出和部分退出。其中，市场主体全部退出指市场主体全部退出安全软件业务的经营，而且向有关机关进行注销登记，市场主体的资格也可能因市场退出而灭失，市场主体的部分退出又包括主体部分机构的退出（如市场主体解散其某些分支机构）和部分产品或服务的退出。我国现在的安全软件企业都涉及安全软件业务之外的经营业务，市场主体的部分退出制度更能适应市场的发展。

对安全软件行业而言，市场退出既会涉及市场主体全部的退出，如企业破产、被兼并等情况的出现；也会涉及市场主体部分业务的退出，即该退出主体部分或全部丧失经营安全软件业务的资格，但它并不会导致市场主体资格的丧失。造成这

---

① 主动退出市场的方式，包括公司自主决定退出安全软件业务的经营、解散公司、申请破产、并购等方式。依据《公司法》的规定，在不违反法律、法规和强制性规定外，公司有权自主决定自己的经营范围，可以依据公司章程和股东会或者股东大会的决议而解散公司，企业法人不能清偿到期债务，并且资产不足以清偿全部债务或者明显缺乏清偿能力时，可以向法院申请破产。解散公司和申请破产会导致公司法人资格的灭失，而公司自主决定退出安全软件业务的经营并不必然导致法人资格的灭失，主要是因为现有的安全软件生产企业的经营范围比较广，经营范围的变化并不必然导致公司的解散。另外，依据《公司法》第 181 条规定，公司的合并或者分立也是导致公司解散的原因之一。公司的合并或分立并不导致原有权利义务的中断，而是原市场主体的权利义务转移给新的市场主体（合并或分立后的主体），导致的后果是原有公司的法人主体资格的变更，或者经营业务范围的变更，从而使某些公司退出市场经营或丧失经营安全软件业务的资格。

② 被动退出市场的方式，包括公司被吊销营业执照、责令关闭、被撤销法人主体资格和被申请破产等。除被申请破产外，强制退出市场的实质是一种行政处罚措施，是行政机关对严重违法或侵犯他人利益的公司的一种处罚，被吊销营业执照、责令关闭会导致安全软件生产企业法人主体资格的消灭，退出安全软件市场的经营。对此我国已有多部法律予以明确的规定，如《计算机信息网络国际联网安全保护管理办法》规定对从事国际互联网业务的单位和个人"可以给予六个月以内的停止联网、停机整顿的处罚，必要时可以建议原发证、审批机构吊销经营许可证或者取消联网资格。"《公司法》第 199 条规定："虚报注册资本、提交虚假材料或者采取其他欺诈手段隐瞒重要事实取得公司登记的，情节严重的，撤销公司登记或者吊销营业执照。"第 214 条规定"利用公司名义从事危害国家安全、社会公共利益的严重违法行为的，吊销营业执照。"《企业法人登记管理条例》第 30 条规定："擅自改变主要登记事项或者超出核准登记的经营范围从事经营活动的；企业不按照规定报送年检报告书，办理年检的，可以根据情况给予吊销营业执照的处罚。"另外，被申请破产也会导致企业推出市场的竞争。依据《企业与破产法》的相关规定，企业法人不能清偿到期债务，并且资产不足以清偿全部债务或者明显缺乏清偿能力的，债权人可以向法院申请破产清算。法院决定受理并且清算完毕后，法人主体的资格消失，并且退出市场的经营。企业破产是市场监管的一种手段，可以有效地防止市场危机的进一步扩散，增强市场竞争的效率。

种现象的原因主要是由于我国安全软件行业发展的特殊性导致的，目前国内的安全软件生产企业很多都是非完全安全软件生产企业。另外，安全软件产品包含的种类又有很多，如杀毒类软件、系统工具和反流氓软件，一家企业可能同时经营很多种类的安全软件产品。而以上所涉及的市场退出种类又可归纳到主动退出与被动退出两类中，主动退出是企业自主决定安全软件业务的经营，如企业申请破产、依据公司章程解散公司等情况的出现；被动退出市场主体被有关机关强制退出安全软件的业务经营，如《计算机信息网络国际联网安全保护管理办法》第 21 条规定对从事国际互联网业务的单位和个人的违法违规行为可以“给予六个月以内的停止联网、停机整顿的处罚，必要时可以建议原发证、审批机构吊销经营许可证或者取消联网资格。”但由于涉及安全软件行业市场退出方面的立法严重滞后，导致强制退出的法律依据大多情况下是传统的法律法规，如《公司法》、《企业破产法》、《行政处罚法》和《企业法人登记管理条例》等，但这些法律法规对市场退出的规定一般都是原则性条文，缺乏可操作性，很难妥善解决市场退出带来的各种风险和矛盾。

4.5.2 善后处理

对一些严重违法、侵犯国家和公共利益或者遇到其他比较严重的经营危机的安全软件生产企业，退出经营与安全软件有关业务，在一定程度上既防止了个体危机的进一步蔓延，又有利于市场的稳定和竞争。因此，我们要建立科学的市场退出机制，尤其要公正、合理地处理市场主体退出之后的事宜，结合安全软件行业的实际情况，主要包括退出企业的财产、债权、债务的清理和相关责任的承担。

首先，对于财产、债券、债务的清理问题，我们需分两种情况来处理。一是对于非完全安全软件生产企业而言，其退出经营与安全软件有关的业务，如果只是经营范围的变化，且该变化不会导致企业法人主体资格的消灭，该企业的财产并不会受到太大的影响，债券、债务仍由原来的企业承担。二是对于退出市场经营会导致法人主体资格消灭的情况，一般是指完全安全软件生产企业。对于此种情况，我们可以依据相关法律的规定，成立专门的且具有专业技术的清算组织，尤其是由于破产而退出市场经营的情况，要严格按照《企业破产法》的规定操作，严防虚构债务和为逃避债务而隐匿、转移财产的行为。

其次，是相关责任的追究，也就是问责机制的适用。对于引起安全软件市场危机的原因要仔细调查，明确相关主体的责任，对一些主要责任人员要依法对其追究法律责任，这样才能起到法律的威慑作用。对此，我国的相关法律法规已有规定，如《公司法》第 150 条规定：“董事、监事、高级管理人员执行公司职务时违反法律、行政法规或者公司章程的规定，给公司造成损失的，应当承担赔偿责任。”《企业破产法》第 125 条规定：“企业董事、监事或者高级管理人员违反忠实义务、勤勉义务，致使所在企业破产的，依法承担民事责任。”责任追究有助于规范企业管理人员的经营行为。

再次，应告知提醒用户更换所使用的安全软件，尽最大力量减少用户在此阶段的网络风险。安全软件的使用分为有偿和无偿两类，对有偿使用的安全软件，企业在决定退出市场时，要事先通知用户，给用户一定的时间更换新的软件，并且确保在这段时间内的系统安全。对于无偿使用的安全软件的一般用户，企业应在一定的期限前，用明确的方式告知用户实际情况，通知用户更换新的安全软件。如果是因公司的合并或分立而导致的市场主体的退出，也要在一定的期限前将实际情况告知用户，让用户自主决定是否还继续使用，并且保证在用户选择的期间产品质量的稳定性。

4.5.3　市场退出机制存在的问题

（1）相关法律法规的严重滞后和市场退出机制的不健全

现阶段我国有多部法律法规都有关于市场退出机制的规定，如《公司法》、《企业法人登记管理条例》、《企业破产法》、《计算机信息网络国际联网安全保护管理办法》等。但上述法律法规的规定存在明显的滞后性，已不能有效地解决安全软件生产企业在市场退出的过程中所引起的各种问题。法律法规的滞后性主要体现在两个方面：一是上述法律涉及市场退出的规定只是针对普通企业退出市场的规定（如《公司法》、《企业法人登记管理条例》、《企业破产法》等），并没有专门针对安全软件行业市场退出机制予以特殊的规定，忽视了安全软件行业的特殊性，致使我国在安全软件行业市场退出方面的立法几乎处于空白状态；二是上述法律法规虽然规定了企业被接管、并购、解散、撤销和破产的市场退出形式，但多为原则性规定，缺乏具体的可操作性。

关于安全软件市场退出机制方面的法律严重缺失，导致监管部门在处理安全软件行业危机事件时遇到很大的困难。首先，法律的缺失使监管部门在很多情况下无法准确判断市场行为的合法性，造成“不能监管”甚至“不敢监管”的现象发生；其次，由于专门适用于安全软件市场退出的法律法规缺失，导致企业在退出市场的程序、监管机构的权限、风险补偿等善后处理方面没有明确的规定，法律的缺失也不能为市场退出的发生提供明确的判断标准，即企业在遇到什么样的情况下才可以被强制退出市场。正因为上述情况的存在，在现阶段对安全软件行业内的突发事件主要采用行政手段进行处置。当然，市场退出的监管职责的履行也主要依据行政手段，而各监管机构的职权范围又不明确，自由裁量度较大，法律在监管程序、问责机制等方面的约束机制欠缺，临时的行政监管难以确保安全软件生产企业市场退出程序上和实体上的公正，更不能合理、高效地处理市场退出事件给社会带来的风险和动荡。同时,缺少监督制约机制的行政自由裁量权也会滋生不当监管行为的发生,监管人员在履行市场退出监管职责时,难以做到公平公正,不能有效维护安全软件市场的安全与稳定。

(2) 市场退出机制监管的缺失

针对安全软件行业市场退出问题更没有明确的监管机关,对退出市场经营的监管没有明确到具体的监管机构,而是各监管机构分散、低效地应对市场退出引起的各种风险和矛盾,致使市场退出机制的监管秩序混乱。另外,监管秩序的混乱一方面是由于监管机构职权不明,监管机构存在"有利都上,无利退缩"的态度,致使对安全软件市场退出的监管不到位;另一方面是由于缺乏有效的考核机制和责任问责机制,监管人员在履行监管职责的过程中缺乏主动精神和危机意识,遇到市场危机时导致安全软件生产企业退出市场经营时,各监管机构难以在第一时间采取有效的措施,防止事态的进一步扩大。监管人员在监管的过程中也会出现玩忽职守或滥用职权的行为,尤其在处理安全软件生产企业退出市场所带来的风险和矛盾时,用户及债权人的利益难以得到有效保护,可能还会带来新的市场风险。

4.5.4 市场退出机制完善之建议

(1) 完善安全软件市场退出机制的相关法律

安全软件市场退出机制是一种市场化、制度化的运作,为了防止行政的过度干预,有必要建立一套完整的法律法规。[①] 应制定专门的安全软件市场退出法律制度,如制定与安全软件行业有关的接管、购并、解散、撤销、破产等专门性法律,为安全软件生产企业市场退出的具体方式、程序提供规范和法律依据。完善的法律制度为安全软件生产企业实现合法、有序、规范的市场退出奠定基础,使市场退出有法可依。

在制定相关法律的过程中,可以借鉴国内外商业银行市场退出的立法经验,结合我国安全软件行业发展的实际情况,在立法过程中要坚持"早期介入、严格退出的指导思想,以维护社会公共利益为价值目标"[②]。监管机构要强化执法力度,严格执行市场准入和市场退出的相关法律,建立良好的安全软件行业发展环境,进一步完善问责机制的建设。另外,可以加强对安全软件行业高管人员个人信用和责任义务的监管,促使机构信用责任与高管人员的个人信用责任有机地结合起来。

---

① 崔志伟:我国商业银行市场退出机制研究,载《现代经济信息》2010 年第 11 期。

② 唐济宇:我国商业银行市场退出制度构建,载《商业时代》2011 年第 32 期。

（2）建立安全软件行业风险预警机制

我们应建立安全软件行业的风险预警机制，争取在市场风险萌芽阶段发现并采取措施，防止风险的进一步扩大。例如，针对滥用市场支配地位进行不正当竞争行为而引起市场危机的现象，我们应在制度层面上健全滥用市场支配地位的竞争制度，建立体系化的稳定的传导效应规范并进行豁免制度研究。[①] 对安全软件市场危机进行预警。在建立风险预警机制时，可以借鉴银行业的规定或先进经验，如《银行业监督管理法》、《商业银行风险预警操作指引（试行）》等法律法规中的相关规定。

建立风险预警机制可以对市场危机、风险做到早发现、早预防、早解决，采取相应的防范和处置措施，便于开展针对性、差异性的救助，利于市场快速反应机制功能的发挥。加强风险的识别手段，对安全软件市场发展状况和未来趋势进行预测，为市场发展、竞争及监管提供准确、及时的信息，及时化解安全软件行业的风险。同时，完善的风险预警机制也可以有效地对企业退出市场所引起的次危机进行预警，便于企业和有关监管机构及时采取措施，降低市场退出给社会带来的不良影响，利于整个安全软件行业的稳定与发展。

（3）加强对安全软件行业市场退出的全程监管

“徒法不足以自行”，科学、合理、高效地解决安全软件生产企业市场退出所带来的各种问题和矛盾，除需要健全的法律制度和完善的市场退出机制外，还需要加强对安全软件行业市场退出的全过程监督。安全软件生产企业要建立有效的内部监督系统，在企业内部建立风险评估或风险业务评价机制，对市场退出可能引起的次风险进行预测、分析，争取对市场风险、危机做到早发现、早解决。积极推进网络基础设施建设，将监管与服务和谐统一，发挥市场和法律在引导网络经济发展中的基础作用，努力为网络经营主体营造良好的生存环境，强化网络主体的权利，保护网络经营主体间的公平竞争秩序。[②] 此外，强化来自政府的外部监管。在政府的监管过程中，可以成立专门的监管机构对安全软件行业市场推出的过程进行监督，这样可以提高事件处理的效率，避免退出效应扩散，给市场造成更大的波动。

---

① 许玥：3Q 案之滥用市场支配地位的认定，载《经济研究导刊》2011 年第 2 期。

② 周阳：互联网业行政监管中存在的问题及对策分析——以腾讯 QQ 和 360 之战为例，载《行政事业资产与财务》2011 年第 10 期。

第5章　安全软件市场监管失灵与行业自律

5.1　安全软件市场监管失灵

市场监管的目的是为了市场的安全与稳定，其实质是在确保市场在资源配置的基础性作用的前提下，监管机构通过行政手段对市场配置资源的无效和低效情形予以纠正，促进经济平稳较快的发展。尤其对安全软件行业而言，市场机制本身发展不成熟，机制不健全，再加上立法滞后，市场监管的作用则更加突出。但在市场监管的过程中，由于各种原因，很多情况下市场监管并不能起到应有的作用，监管的政策和措施并不能完全和市场吻合，在执行方面，也不能保证监管措施落到实处，这就会导致监管失灵的现象出现。市场的失灵主要原因之一就是由于市场的自发性和盲目性。市场主体在经营的过程中，盲目的投资与竞争，达不到预期收益目标进而引起不当竞争或其他违法行为，再加上监管机构的监管不到位或效率低下等原因，市场失灵的情况更不可避免。当然，监管失灵除了受监管机构内部的组织机构、人员素质等因素影响外，还会受到法律环境、经济环境、政治环境等外部因素的影响。内因与外因共同导致了市场监管失灵，在实际监管过程中，监管失灵具体表现主要是监管政策的失效、监管低效和监管过度。

5.1.1　市场监管失灵的表现

(1) 监管政策失效

监管政策失效，即意味着市场监管没有起到应有的作用，未达到政策制定的预期目的。在市场监管的过程中，会涉及很多主体的利益，所以监管政策从开始制定，到监管行为结束，都会有多方主体的参与，并尽可能地影响监管政策，使政策的制定有利于自己的发展，监管政策的制定过程也就是多方主体利益博弈的过程。“在利益博弈的过程中，就有可能产生监管政策失效的几种情况：一是有效地监管政策受强势力集团阻挠而无法出台；二是政府出于平衡各方面利益的目的，出台模糊、操作性不强、容易被利用和操作的政策；三是政策执行过程中人为扭曲或干脆做表面文章并未真正执行,导致监管政策失效,使作为准公共部门的行业约束和自律更容易被行业利益左右而失效。"①

对安全软件行业而言,几家大的企业占有较大的市场份额,在制定监管政策的过程中,会利用市场影响力来影响监管政策的制定。同时,在企业的生产经营中会利用市场优势地位或垄断地位进行不正当竞争,扰乱安全软件市场正常的经济秩序,损害消费者的合法权益。"从 3Q 之争中相关监管部门的表现来看,监管者对两公司的竞争行为既缺乏准确描述的能力,又没能及时对预期损害(损害的广度)进行准确判断,故没有能力在事前对两公司为获得私人利益而牺牲总体利益的机会主义行为开展调查,并对他们予以行政制裁以防止损失的发生。"②

(2) 监管低效

市场监管的低效率是指市场监管虽起到了规制市场的作用,达到了预期目标,但监管效率非常低,如监管的成本太高,造成大量社会资源的浪费或者监管给安全软件行业的发展带来了严重的负面效应,不利于安全软件行业的正常发展。监管效率低下会造成安全软件市场中的风险或不良行为在第一时间得不到遏制,为其进一步蔓延提供了时间,不能在第一时间采取预防和监管措施。造成这种现象主要有三方面的原因:一是由于在市场监管过程中,缺乏问责机制导致在监管工作中监管人员缺乏追求效率的动机,不严格要求自己的职责行为,甚至存在谋私利、玩忽职守的情况;二是由于监管机制设置不科学,如监管部门众多,职能重叠,监管部门之间缺乏有效的信息共享等情况;三是监督机制的缺失,尤其是对监管机构和监管人员监管行为的再监督。

市场监管的低效率会造成监管资源、市场资源的浪费,会造成监管不到位,有法不依,甚至违法监管的情况。不但不能维护市场正常的经济秩序,而且会降低监管部门的公信力,滋生监管腐败现象的产生。同时,监管的低效率也为一些不法分子的违法行为提供了可乘之机,利用监管过程的低效谋取不当利益,扰乱安全软件市场的正常秩序。因此,应进一步优化监管职权的分配机制,明确各监管部门的监管职责,提高市场监管的效率,防止不当监管和违法监管的行为发生,并要依法追究不当监管行为人的责任。

(3) 监管过度

市场监管过度也是市场监管失灵的表现之一,主要指监管主体过度地对市场进行监管和干预,影响了安全软件行业的正常发展。过度监管背后体现的是监管部门对利益的追逐和监管职权分配的不科学,对一些利益巨大的行业,存在着多重

---

① 孙兴权、简佩茹:政府经济监管失灵及其成因的公共政策视角,载《财政监督》2011 年第 1 期。

② 黄立君、杨芳:3Q 之争——监管失灵与法律缺失情境下的企业行为选择,载《广东商学院学报》2011 年第 5 期。

的监管，审批程序也比较复杂，甚至市场监管的行为已严重阻碍了整个市场的快速发展。“这样的过度监管，影响市场正行运行，增加企业经营开发成本、扭曲市场正常定价和配置资源的功能等消极后果，造成监管实际后果与社会公共利益的差异和冲突，还影响监管的公信力，增加监管对象对监管的抵触和逃避（避租）。”[①]

5.1.2 市场监管失灵的原因

造成监管失灵的原因有很多，受我国计划经济制度的影响，很多监管部门本身就是行政部门，集多种职权于一身，身兼政策制定、市场监管等职能，监管职能的履行受自身因素的制约，造成监管的低效率。除此之外，还存在以下原因。

（1）法律缺失

市场监管失灵的原因之一就是由于相关法律的缺失、不完善。有关法律不健全，导致难以明确界定一些违法行为，各监管机构的监管权限不明确，造成现实监管机构职权重叠和监管空白的情况出现。同时，监管权限的不明确也会导致问责的困难，尤其是监管不到位，追究相关监管人员责任时，难以确定直接责任人。

在3Q之争中，对“‘腾讯是否涉嫌侵犯用户隐私’、‘奇虎360软件外挂、两公司软件不兼容、对其他互联网信息服务提供者产品或服务的安全、隐私保护、质量等自行组织测评并发布测评结果等是否属于不正当竞争’、‘腾讯公司和奇虎360是否涉嫌垄断、滥用市场权利’、‘不正当竞争者将会给予什么样的处罚’等问题，《反垄断法》、《反不正当竞争法》和《消费者权益保护法》等并不能对它们进行清晰地界定，条款的引用也很难明了，对违法行为惩处的手段也很难以把握。”[②]法律的不健全导致监管机构很难准确判断市场行为的合法性，给监管行为带来了挑战。另外，现有法律也没有对监管权限进行明确界定，监管责任也不明确，为了利益监管部门可能会争相对有利的市场行为进行监督，甚至会出现滥用监管权、进行不当监管的行为，导致市场监管失灵。再有，现有法律对危害市场秩序的行为处罚力度较小，尤其对现在的互联网企业，根本不能起到法律应有的威慑作用，预期的低成本违法会促使他们为了追逐利益而无视法律和他人的利益，最终导致不正当竞争行为的发生和增加市场监管的难度，造成市场监管低效率，甚至监管失灵。

（2）监管制度不健全

市场监管失灵的另一重要原因是我国安全软件行业的监管制度不健全，机制不成熟。市场监管制度的设计不科学，各职能部门的权能不协调，分工不明确，很多监管部门的设置完全是应急式措施，监管权的配置过于分散，没有专门的、综合

---

① 孙兴权、简佩茹：政府经济监管失灵及其成因的公共政策视角，载《财政监督》2011年第1期。

② 黄立君、杨芳：3Q之争——监管失灵与法律缺失情境下的企业行为选择，载《广东商学院学报》2011年第5期。

性的监管机构。尤其是对安全软件行业监管而言，其涉及技术性、专业性较强，而且是一个新兴的行业，市场监管经验较少，如果没有专业的监管机构，权责明确统一，很难确保监管工作的高效进行。

监管制度的设置不科学，会导致监管过程中出现监管盲区或多重监管的现象，监管职责不明确，造成监管责任主体不明，效率低下。在实际的监管过程中对一些有利区域争相监管，对一些无利的领域，众多监管机构却无人问津，市场监管做不到全覆盖，形成监管漏洞。由于信息的不对称和市场的自身特性等客观因素，监管者很难做到在第一时间得到所有相关的信息，而且监管机构在监管政策的制定中以及在监管过程中都有很强的利益动机，如果没有科学、健全的监管制度，很难确保监管公正、高效。对于涉及广大用户切身利益的安全软件行业，监管不到位或失效，直接影响用户的利益，而我国目前危机事件的事后补救机制还不健全，在危机事件中，消费者权益受到损害后往往很难得到有效的救济。因此，应该加快市场监管机制的完善。

(3) 缺乏对监管者再监管的机制

监管机构没有充分履行自己的职责是市场监管失灵的重要原因之一，如监管机构在诺顿“误杀”事件和 3Q 事件初期的不作为。监管机构在履行监管职责的过程中，往往会涉及众多主体的利益，而监管权的行使缺少约束与监督机制，致使监管权存在滥用的倾向。“遍览我国有关监管制度的立法，可以发现法律在赋予监管者以一定范围的规章制定权、执法权包括相当程度的自由裁量权的同时，缺乏对监管行为设置相应的事前控制程序和事后补救的羁束制度。这为监管者自觉和不自觉地越权、不作为、程序瑕疵和不公正行使等滥用监管权的行为提供了可乘之机，监管者谋私、腐败的事例屡屡出现。”[①] 另外，一些地方为了保护本地企业利益，在制定监管政策的时候会对本地企业倾斜，在履行监管职责的过程中，肯定难以避免不平等的现象，再加上缺少对监管人员的再监管制度，使监管过程不公平、不透明。监管失灵会使监管机构丧失公信力与权威性，在之后的监管过程中很难再树立中立、可信的形象，造成监管的低效率。因此，应加强对监管者监管行为的监督，防止不正当监管现象的发生，维护安全软件市场的正常秩序。

5.1.3　防止监管失灵的措施

安全软件行业缺乏有效的市场监管，已成为制约安全软件行业健康发展的一大因素，其主要原因一方面是相关法律和制度的缺乏，导致监管机构在履行监管职责的过程中遇到挑战；另一方面是由于市场监管的失灵，监管人员在履行职责的过

① 盛学军：监管失灵与市场监管权的重构，载《现代法学》2006 年第 1 期。

程中，受到许多因素的影响和制约，监管过程中存在滥用职权或玩忽职守的情况，市场监管效率很低，甚至无效，不能有效降低市场风险和减少市场危机，实现市场监管应有的效果。因此，需要对安全软件市场监管机制予以完善，确保市场监管科学、有效地进行，避免监管失灵的现象出现。

(1) 完善现有监管制度

造成监管失灵的另一原因是现有监管制度的设计不科学，需进一步完善。

首先，要保证监管机构的独立性、中立性和专业性，要求监管机构在履行监管职责的过程中，不受政府其他机构的不正当影响与干预，独立行使监管职权。监管机构的独立性、中立性和专业性是确保监管权公正行使的组织条件，也是有效摆脱既往的部门偏好或者其他政府部门不当干预的必要前提。[①]

其次，监管权的配置要合理，依据市场的实际情况设置监管机构，监管权限的配置集中化，减少监管权的不合理重叠和交叉，防止监管权的滥用，加强各监管机构之间的沟通和协调，提高监管的效率。

再次，建立监管责任制，将监管责任明确到人，对监管部门和监管人员定期进行考核，加强对监管人员职务行为的监督，对不正当的监管行为坚决予以制止。在日常的监管工作中，可以对监管人员进行正面激励，如物质和精神上的奖励等，形成有效的激励制度，促使他们积极履行职责。

另外，也应借鉴其他行业的一些立法经验，对监管人员的行为进行限制，如禁止监管人员接受被监管对象的任何不正当接触，监管人员在监管任职期间或离职后一段时间内，禁止到被监管企业内任职。最后，要使监管主体多元化，市场监管既要靠现有的公法机构，也要靠民间组织、第三方协会的力量和媒体的力量，多方监管共同合作，提高监管的效率，对不正当竞争或其他扰乱市场秩序的行为进行监督。

(2) 加强对监管机构的再监管

监管人员在履行监管职责时，会受到很多外界因素的影响，包括物质利益、政治因素的影响等，不可避免地会影响监管的公正性。所以必须对监管者进行再监管，建立监管权限约束机制，防止监管权限的滥用与不当监管行为的发生。这就要求监管机关履行监管职责的过程要透明，信息要公开，允许相关利益主体参与监管过程，及时向被监管者和社会通报监管结果。为保证再监管的公正性和效率，再监管主体的组成要多样化，包括有关政府部门、利益相关者、社会媒体和第三方组织等，要严格规定和限制再监管程序，杜绝任何部门借再监管之名来影响或干预监管机构的正常工作，而且再监管应该是事后监管，即只能事后对监管机构的行为进行

---

① 盛学军：监管失灵与市场监管权的重构，载《现代法学》2006 年第 1 期。

监管，事前监管只允许极其特殊的情况下出现，且要在范围、程序上严格限制。监管机构也要定期向社会公布其监管成果，接受社会的监督，通过监督促使监管机构准确履行自己的职责。

5.2 安全软件行业自律

5.2.1 我国行业自律组织的发展现状

行业自律组织是经依法登记，具有法人资格的社会组织，包括各种协会和联盟等。依据行业组织所体现的性质不同，可分为官方性质、半官方性质和非官方性质的行业自律组织。其中官方性质的行业组织具有一定的行政管理职能，如中国科学技术协会、中国消费者协会等；半官方性质的行业组织一般是由政府职能部门转变而成立的具有半官方性质的行业组织，其行政职权已大大被缩减，如中国商业联合会、中国钢铁协会等；非官方性质的行业组织是由市场主体自发组建成立的民间组织，其目的是促进本行业的发展和维护组织成员自身的利益，依据组织章程实行民主管理，这是行业自律组织发展和政府职能转变的必然方向。依据行业组织覆盖地域范围的不同，可以分为全国性的行业自律组织和地方性的行业自律组织。全国性的如中国互联网协会，其是由国内从事互联网行业的网络运营商、服务提供商、设备制造商、系统集成商以及科研、教育机构等 70 多家互联网从业者共同发起成立，是由中国互联网行业及与互联网相关的企事业单位自愿结成的行业性的全国性的非营利性的社会组织。[①] 地方性的行业组织是各地方的互联网企业自发组成的自律组织，如深圳市电子商务协会。

行业组织制定的行业规范和自律公约是行业组织作用得以发挥的保证，是规范组织成员行为和分配成员权利义务的依据，其体现了组织成员的共同意愿。目前为促进互联网行业的发展，各种协会已经制定了多部行业规范和自律公约。如《中国互联网行业自律公约》、《抵制恶意软件自律公约》、《反网络病毒自律公约》、《中国信息安全产业反不正当竞争公约》、《互联网搜索引擎服务自律公约》等。但从整体情况来看，网络行业自律组织在规范网络市场的过程中还存在诸多问题，影响力较弱、自身机制不健全等制约了行业组织的发展，难以有效约束组织成员的经营行为，特别是安全软件行业，到目前没有成立专门的行业自律组织，更没有为安全软件行业发展制定专门的行业规范。

---

① http://www.isc.org.cn/xhgk/，2012 年 11 月 22 日访问。

5.2.2 行业自律的作用

（1）缓解立法滞后的缺陷

安全软件行业的健康、快速发展，在依赖法律制度他律的同时，行业自律的作用亦不容忽视。安全软件行业是个新兴的行业，我们需要为安全软件行业乃至整个互联网行业的发展创造良好的发展空间，但伴随着安全软件行业的快速发展，新的问题不断涌现，给法律的适用带来了巨大挑战，规范安全软件行业的立法又难以跟上技术发展的步伐。作为生产关系范畴的法律制度，如果规定过于严格，会不利于整个安全软件行业的发展，甚至给互联网行业的发展带来负面效应；反之规定过于宽松，又难以规范安全软件企业的失范行为。在网络安全技术快速发展的今天，难免会出现技术发展与法律滞后之间的矛盾，但依靠行业自律的灵活性优势就可以缓解上述矛盾。行业自律相对于立法而言具有更大的灵活性，包括在保护安全软件生产企业、用户的权益和对安全软件市场进行监管的过程中，依据市场的发展情况及时调整监管的范围、方式以及相关标准等事项。与法律相比，通过行业自律规制滥用市场支配地位等企业垄断行为具有较强的操作性与灵活性，[①]而且行业自律制度设计上的灵活性、高效性更加有利于安全软件行业的发展。

（2）提高网络安全服务质量

行业组织通过制定安全软件行业规范和自律公约，约束和规范市场行为，协调组织成员之间的关系，制定安全软件的行业标准，有利于安全软件行业的技术和业务创新。标准的明确有利于行业的公平竞争，提高行业整体的服务质量，进而维护行业整体利益和用户利益，维护国家信息安全。此外，行业组织能够促进国内安全软件生产企业参与国际交流与合作，有利于提高企业的国际竞争力和拓展海外市场。

（3）强化安全软件市场监管

行业自律依靠企业自我约束力来实现，是法律之外规范市场行为的重要手段之一。“行业自律是有效的社会控制方式，它可以解决市场失灵、避免官僚拖延、鼓励技术创新并导致更高的社会福利。”[②]行业自律是安全软件行业监管的有效手段。

首先，行业自律在市场监管的过程中具有较大的灵活性，可以依据安全软件行业的发展变化，随时调整监管范围、方式以及相关的标准，及时发现市场危机和不正当竞争行为并采取相应的预防和补救措施，将市场危机给社会带来的危害降到最低。

---

① 何培育、钟小飞：论滥用市场支配地位行为的法律规制——兼评“腾讯与奇虎 360”案，载《重庆邮电大学学报》2011 年第 2 期。

② 常健、郭薇：论行业自律的作用及其实现条件，载《理论与现代化》2011 年第 4 期。

其次，第三方行业组织能在安全软件企业与政府机构之间起到沟通桥梁的作用。在对安全软件市场监管的过程中，行业自律组织将安全软件市场发展中出现的新状况（如新型的不正当竞争行为）以及监管过程中遇到的困难（消费者保护问题）及时与政府机构进行沟通，并向政府部门表达行业发展过程中遇到的障碍，促使政府和立法机关及时修订现有的产业政策、法律，提高政府对安全软件市场监管的效率。此外，行业组织向安全软件企业宣传国家相关政策、法律，如《反不正当竞争法》、《侵权责任法》、《消费者权益保护法》等，提高安全软件企业的守法意识，自觉遵守现行法律，减少违法侵权行为的发生。

再次，行业自律组织通过信息共享可以减少安全软件市场的信息不对称状况，防止利用信息不对称、不透明而进行不正当竞争行为的发生。此外，行业自律组织的信息公开有利于社会公众和新闻媒体的监督，防范安全软件企业侵害网络用户知情权行为的发生。

（4）促进安全软件产业发展

首先，自律组织通过对安全软件行业的发展状况进行调研以及开展有关安全软件行业发展的研讨、论坛等活动，为组织内的企业进行交流与合作提供便利的条件，为企业创造更多的商机。企业也可以利用行业组织这个平台获得更多的商业信息，如行业产业政策、技术、服务标准等信息，依据市场的发展状况及时调整发展计划及产品的标准。

其次，行业自律的推广与完善，有利于安全服务标准的确定，既有助于降低生产成本，一定程度上降低不正当竞争行为的发生，又能增加用户对安全软件的信赖程度，培养用户的忠诚度，扩大自己的市场份额。

再次，行业自律本身的规范可以供国家立法参考，从而在一定程度上影响相关立法、政策，为企业创造良好的制度空间。

综上，行业自律组织不仅是监管者，更是服务者。行业自律有利于安全软件生产企业自身的发展，企业通过参加行业自律可以获得更大的经济利益。

5.2.3　行业自律组织现存的问题

（1）安全软件专业自律组织缺乏

到目前为止，我国成立了多家网络专业自律组织，如中国电子商务协会、中国信息协会、北京市电子商务协会、上海市信息安全行业协会等，既有全国性的，也有地方性的自律组织。现阶段我国没有专门针对安全软件行业成立第三方自律组织，也没有针对安全软件行业发展的行业规范和自律公约，安全软件行业自律只能求助于中国互联网协会及其自律公约。3Q、3B 大战暴露了安全软件市场甚至是网络市场监管的缺陷，现行网络监管机构职责交叉和公权力启动的滞后性决定了安全软件市场监管不能完全依赖于官方监管机构，完善的行业自律在组织和制度可以作为法律规范市场行为的辅助手段，弥补公权力的滞后性和僵化性等缺陷。

（2）自律规范效力低

行业规范和自律公约效力存在较大局限。

第一，行业组织制定的行业规范、自律公约不具有强制执行力，没有国家公权力保证其实施，难以对组织成员的行为进行约束。“规则的普遍遵守源自于受它规制的成员怯于其威慑力，而这种威慑力则由规则中的惩罚措施体现。任何制度或规则体系，如果没有对其违反者相应的惩罚措施来保证对它的执行与普遍遵守，都会只具有一种形式上的意义。”[①]行业规范和自律公约是企业在某些问题上达成的一定共识，其遵守主要依靠企业的自我约束力。但当企业自身利益与行业规范和公约发生冲突时，企业往往会选择对自己的利益进行保护，而违反甚至无视行业规范和自律公约，导致在很多情况下行业自律规范名存实亡，难以达到行业自律应有的作用。[②] 究其原因是因为行业自律规范的遵守缺乏国家强制力保障，缺乏强制力意味着规则中的处罚措施毫无威慑力，企业为了自己的利益可以忽视自律规则。

第二，行业规范和自律公约的效力范围存在局限性。行业规范或自律公约是行业组织依据行业组织章程制定的，效力范围只涉及行业组织的加入成员，对组织外的安全软件生产企业没有约束力。效力范围的局限性导致行业组织成员与行业组织外的企业竞争时权利义务会有不同，一般情况下行业组织成员还需要承担行业规范和自律公约规定的义务，导致企业参与行业组织的积极性下降，这是在行业组织发展初期很难避免与解决的问题。

行业自律组织的自由进出机制和隔靴搔痒式的“惩罚”使行业自律面临这样一个尴尬境地：安全软件企业不遵守自律规范和公约，只能对企业处以较轻的“处罚”；如果处罚过重，企业可能会退出自律组织，此时行业规范或自律公约就只是一种形式上的存在。

（3）未真正实现自律

现阶段行业自律组织行政色彩较浓，[③]中国互联网协会行政化色彩较浓，其人事和业务活动都受到业务主管机构一定程度的干预。在制定行业规范、自律公约以及相关行业标准的过程中，既要服从、接受业务主管机构的管理，又要尽可能地表达、发挥自己的意见，这就导致很多情况下行业协会出现了双重管理体制：既要

---

① 王丽萍、田尧：论网络隐私权的行业自律保护，载《山东社会科学》2008 年第 4 期。

② 《中国互联网行业自律公约》第七条已明确鼓励网络企业应开展合法、公平、有序的行业竞争，反对采用不正当手段进行行业内竞争。但因公约没有强制约束力，最严厉的“惩罚”是取消成员资格，无法对成员进行罚款、市场退出等处罚。上述措施对网络企业没有任何威慑力，诸多的安全软件企业间的不正当竞争以及安全软件企业与其他企业之间的不正当竞争案例就是例证。

③ 如中国互联网协会的业务主管单位是工业和信息化部。

"代言"政府又要"代言"行业向政府部门表达行业的需求、政策建议等；既要履行"行政监管"的职责，又要协调会员之间的关系，促进会员之间的沟通与协作，给企业更大的自主决策权。这种双重身份使得行业协会在发展、管理、决策的过程中受到多方面利益的影响，行政式的管理致使管理、运作效率非常低，难以有效地表达企业界的需求、政策建议等内容，起不到沟通政府、企业的桥梁作用，不利于网络产业的发展。

除上述缺陷外，中国互联网协会在行业组织的管理及运作过程中，缺少市场风险预警、处理机制、对行业规范和自律公约遵守、执行情况的测评机制、投诉与争端解决机制和监督与协调机制等。[①] 网络行业自律组织内部制度不健全，影响行业自律组织运作、管理的效率，无法真正起到规范网络行业、促进产业发展的目标。

5.2.4　安全软件行业自律完善建议

1. 建立专业安全软件行业自律组织

安全软件行业缺少专门的行业自律组织，导致现行网络行业自律组织在向政府主管部门反映安全软件生产企业及行业的愿望、合理要求以及立法、政策制定的意见时，由于工作人员的专业性、技术、组织内部制度的涉及等因素限制，难以充分表达安全软件企业及行业的利益诉求。而且在协调安全软件生产企业之间的关系，促进企业间的沟通与合作，减少不正当竞争，充分发挥企业与企业之间、企业与政府之间的沟通桥梁作用等方面的效果也会受到影响。上述不足之处导致安全软件市场信息披露不透明，增大了市场自身发展的盲目性，甚至出现恶性竞争行为等，最终出现安全软件市场监管失灵和网络市场危机。网络安全和互联网行业的健康发展依赖于安全软件企业的规范运行。规范的安全软件市场既需要法律等公权力的规范，也要依靠行业、企业的自律力量。为充分发挥行业自律组织的作用，我国应当成立安全软件行业自律组织。

2. 制定安全软件行业自律规范

(1) 自律规范的内容

在成立安全软件行业自律组织的同时，应制定专门规范安全软件企业的行业规范或自律公约。行业规范和自律公约是组织成员权利义务的分配依据，规范成员经营行为的重要依据，对维护安全软件产业的发展有重要作用。自律规范的内容应涉及不正当竞争行为的监督与管理，网络安全服务信息的披露与监督，网络安全服务市场危机的预警及处置，安全软件的产品质量标准、服务标准、评测标准等。

---

① 《互联网终端软件服务行业自律公约》第二十九条规定："设立行业调解委员会，建立终端软件测评机制及终端软件企业间争议和纠纷调解机制，由本公约执行机构组织实施。具体实施细则另行规定。"但到目前为止，尚未见到互联网协会出台详细的争议和纠纷调解实施细则。

在制定和执行各项标准的过程中，要积极听取并吸收广大网络用户、成员企业和专家学者的建议，确保标准制定、执行过程中的公开性、透明性以及结果的公正性。标准的明确有利于减少不正当竞争行为的发生，同时也有网络用户的利益。

（2）自律规范的制定要防止权力寻租

行业自律容易于产生寻租现象，尤其是地方性行业组织制定行业规范、自律公约和相关行业标准的过程中。行业自律的过程是安全软件生产企业主动参与并通过自我约束达到行业规范的目的，自律的过程有利于产品、服务等行业标准的制定与推广，尤其是对安全软件行业而言，规范、公约的公正性和相关标准的科学性对整个行业的发展有重要作用。但在制定行业规范、自律公约和相关标准的过程中，利益的诱惑及监管等制度的不健全使得寻租现象时有发生，一些实力雄厚的安全软件企业会通过各种手段来影响或干预行业规范、标准的制定，从而获得制度性利益，这一点在地方性行业组织制定行业自律规范的过程中尤为明显，致使出台的自律规范、公约和标准失去公正与科学性。

对中小企业而言，寻租的结果致使其在行业组织规范、标准的制定及日常事务的决策中几乎没有话语权，利益诉求得不到应有保障，缺少自律收益导致中小企业参加行业自律的积极性降低，致使行业集体自律效果不良。[①] 如果在行业自律规范的制定过程中缺少政府监管或者监管不到位，行业自律反而成为垄断企业排挤中小企业的工具，其产生的危害比市场自身垄断更难预防和治理。因此，在安全软件行业自律规范的过程中，监管机构应该起主导作用，防止垄断企业滥用其市场支配地位损害中小企业的利益。

3. 理顺安全软件行业自律组织与政府机构的关系

（1）以法律的形式确定行业自律组织的法律地位

现行我国管理行业组织的法律法规主要集中在行业组织设立的条件、程序以及违法设立行业自律组织的法律责任，而行业自律组织的法律地位、职责的规定尚属空白。法律的滞后使得行业自律组织在自我管理的过程中遇到了较大困难，甚至其监管行为的合法性与正当性受到质疑，因此，应制定规范行业组织设立、运行的专门法律，为行业自律组织的自我管理活动提供法律上的支持。立法应对行业组织的法律地位、性质以及职权范围、法律责任等事项予以明确规定，尤其是要明确行业组织的独立性，其是市场、行业在发展中自发形成的一种民间组织，是为了更好地保护消费者、企业以及整个安全软件行业利益的民间组织，不受政府、企业任何一方的控制或影响。确保行业自律组织的独立性，保持行业自律组织的中立性，自律规范或公约的制定过程中才能体现出公正性，从而真正发挥安全软件行业

① 常健、郭薇：论行业自律的作用及其实现条件，载《理论与现代化》2011年第4期。

自律组织辅助政府机构监管安全软件市场的作用。

（2）明确政府机构的监督职责

行业组织的行政色彩致使行业协会成了实质上的政府机构，其行为并不能完全代表企业及行业的发展利益。此外，行政式的运作致使管理效率非常低，难以起到政府、行业和用户之间的桥梁作用。因此，应保障行业自律组织独立的第三方法律地位，公正地对行业组织进行管理，要减少政府公权力对行业组织的干涉，避免成为市场管理中的“第二政府”，在人事、行业管理等给行业自律机构足够的决策空间和发展空间。

行业协会需要一定的自治权来确保自身的有序运行和效用，但自治权的行使所带来的影响并不只限于此，它也会引发譬如行业内价格统一、限制竞争、排挤其他企业进入等涉及垄断和不正当竞争的弊端。[①] 为防止行业自律组织变异，政府及其他社会主体需要对行业自律组织进行监督与管理，特别是工信部等网络监管机构应强化对安全软件行业自律组织的违法、违规行为的监督与指导，防止权力寻租等违法行为的发生。

综上，要协调好网络监管机构与安全软件行业自律组织的关系，既要保持安全软件行业自律组织的独立性和中立性，给行业组织更大的发展空间，又需要政府及其他社会主体对其进行监督，但应明确政府监管的程序、权限等，防止网络监管机构借监管之名去干涉、影响安全软件行业自律的组织正常自我管理行为。

4. 完善安全软件行业自律组织自身制度建设

第一，充分发挥行业自律组织在政府、企业、用户之间的沟通桥梁作用，建立网络安全服务的信息披露与共享机制，促进安全软件自律组织成员之间的交流与合作。充分了解安全软件生产企业在经营中遇到的问题及整个行业的发展现状，向网络监管机构反映组织会员和业界的愿望、合理要求及行业发展的政策建议等，代表企业、用户的利益参与相关立法、政策及行业制度的制定。充分发挥行业组织中立第三方的优势地位与作用，维护国家网络、用户计算机系统的安全和安全软件行业整体利益，提高网络安全服务的整体质量。

第二，加强安全软件自律组织内部制度的建设，包括网络安全服务市场危机的预警、处置机制，对安全软件行业规范和自律公约遵守、执行情况的测评机制、投诉和争端解决机制、监督与问责机制等。强化安全软件行业自律组织对市场行为的监督与管理，特别是对恶意竞争行为的监督与处罚。处罚内容包括经济制裁、名誉处罚甚至是资格处罚，在建立黑名单制度进行名誉处罚的同时，对严重违反行业规范或自律公约的企业，责令其退出行业组织，并建立与网络监管机构和司法机关的

① 刘旭阳：我国行业协会的发展现状及其制度完善策略，载《河南科技》2012年第3期。

沟通和协调机制，对违法行为达到市场退出处罚程度的安全软件企业，网络监管机构应当将安全软件行业自律组织的建议作为实施行政处罚的重要参考。

5. 对自我管理者的监督

作为一种可能的市场治理手段，行业自律在约束市场主体不良行为、维护市场秩序、促进政府职能转变等问题上具有重要的作用和意义。[①] 如前所述，在安全软件行业自我管理的过程中，很容易产生寻租、滥用监管职权等行为，无法公平地对待每一个组织成员，因此应对自我管理者进行再监管。监督是一种外部力量，其目的是对权力配置制度和权力制约制度落实的一项有效措施，是对权力运行过程的监督，也是对违法违纪行为进行惩罚的活动。[②] 再监督主体既应包括公权机构又要包括非公权性质的主体，如社会组织、媒体大众和个人。此外，安全软件行业自律组织也要制定完善的内部监督机制，成立专门的监督部门，对行业组织的经营、管理行为进行自我监督，确保安全软件自律组织的公正性。

① 常健、郭薇：行业自律的定位、动因、模式和局限，载《南开学报》2011 年第 1 期。

② 谢少俊：图书馆行业自律机制的构建，载《图书馆学研究》2007 年第 6 期。

参考文献

[1] 王竹.侵权责任法疑难问题专题研究[M].北京:中国人民出版社,2012.

[2] 罗胜华.网络法案例评析[M].北京:对外经贸大学出版社,2012.

[3] 戴维·格伯尔.全球竞争:法律、市场和全球化[M].陈若鸿译.北京:中国法制出版社,2012.

[4] 罗伯特·瓦摩西.个人信息保卫战:高科技时代的隐私担忧与防护策略[M].姚军译.北京:机械工业出版社,2012.

[5] 崔向华.市场秩序的监管与维护[M].北京:中国人民大学出版社,2012.

[6] 李昌麟,许明月.消费者保护法[M].北京:法律出版社,2012.

[7] 王利明,周友军,高圣平.侵权责任法疑难问题研究[M].北京:中国法制出版社,2012.

[8] 王利明.侵权责任法研究(上)[M].北京:中国人民大学出版社,2011.

[9] 王利明.侵权责任法研究(下)[M].北京:中国人民大学出版社,2011.

[10] 杨立新.侵权责任法[M].北京:法律出版社,2011.

[11] 王晓晔.反垄断法[M].北京:法律出版社,2011.

[12] 昊春岐.案例解说网络侵权责任认定与赔偿计算标准[M].北京:中国法制出版社,2011.

[13] 侯怀霞,张慧平著.市场规制法律问题研究[M].上海:复旦大学出版社,2011.

[14] 冯宪芬.经济法[M].北京:中国人民大学出版社,2011.

[15] 袁达松,韩赤风,李树建等.中外竞争法经典案例评析[M].北京:法律出版社,2011.

[16] 丹尼尔·沙勒夫.隐私不保的年代[M].林铮顗译.南京:江苏人民出版社,2011.

[17] 于雪峰.网络侵权法律应用指南[M].北京:法律出版社,2010.

[18] 曹伟.计算机软件版权保护的反思与超越[M].北京:法律出版社,2010.

[19] 赵韵玲,刘智勇.市场主体准入制度改革研究[M].北京:中国人民大学出版社,2010.

[20] 白艳.美国反托拉斯法·欧盟竞争法平行论:理论与实践[M].北京:法律出

版社,2010.

[21] 沈中,许文洁.隐私权论兼析人格权[M].上海:上海人民出版社,2010.

[22] 洪海林.个人信息的民法保护研究[M].北京:法律出版社,2010.

[23] 陈怡,袁雪石、杨立新等.网络侵权与新闻侵权[M].北京:中国法制出版社,2010.

[24] 林爱珺.知情权的法律保障[M].上海:复旦大学出版社,2010.

[25] 张新宝、曾宪义、王利明.侵权责任法(第二版)[M].北京:中国人民大学出版社,2010.

[26] 邵建东,方小敏,王炳.竞争法学[M].北京:中国人民大学出版社,2009.

[27] 刘品新.网络法学[M].北京:中国人民大学出版社,2009.

[28] 齐爱民.拯救信息社会中的人格:个人信息保护法总论[M].北京:北京大学出版社,2009.

[29] 李世明.应对网络威胁:个人隐私泄露防护[M].北京:人民邮电出版社,2009.

[30] 孔祥俊.商标与不正当竞争法:原理和判例[M].北京:法律出版社,2009.

[31] 孔令杰.个人资料隐私的法律保护[M].武汉:武汉大学出版社,2009.

[32] 王利明.人格权法[M].北京:中国人民大学出版社,2009.

[33] 王泽鉴.侵权行为[M].北京:北京大学出版社,2009.

[34] 刘继峰.反不正当竞争法案例评析[M].北京:对外经济贸易大学出版社,2009.

[35] 王丽萍.信息时代隐私权保护研究[M].济南:山东人民出版社,2008.

[36] 李艳.网络法[M].北京:中国政法大学出版社,2008.

[37] 皮勇、高铭暄、马克昌等.网络安全法原论[M].北京:中国人民公安大学出版社,2008.

[38] 刘继峰.竞争法学原理[M].北京:中国政法大学出版社,2007.

[39] 蒋志培.不正当竞争新型疑难案件审判实务[M].北京:法律出版社,2007.

[40] 吴景明.消费者权益保护法[M].北京:中国政法大学出版社,2007.

[41] 张莉.论隐私权的法律保护[M].北京:中国法制出版社,2007.

[42] 王秀哲.隐私权的宪法保护[M].北京:社会科学文献出版社,2007.

[43] 张文显.法理学(第三版)[M].北京:北京大学出版社、高等教育出版社,2007.

[44] 吴弘、胡伟.市场监管法论:市场监管法的基础理论与基本制度[M].北京:北京大学出版社,2006.

[45] 杨立新.类型侵权行为法研究[M].北京:人民法院出版社,2006.

[46] 商建刚.网络法[M].上海:学林出版社,2005.
[47] 刘大洪.反不正当竞争法[M].北京:中国政法大学出版社,2005.
[48] 浦增平,俞云鹤,寿步.软件网络法律评论[M].上海:上海交通大学出版社,2004.
[49] 斯达切尔.网络广告:互联网上的不正当竞争和商标[M].孙秋宁译.北京:中国政法大学出版社,2004.
[50] 齐爱民.个人资料保护法原理及其跨国流通法律问题研究[M].武汉:武汉大学出版社,2004.
[51] 张新宝.互联网上的侵权问题研究[M].北京:中国人民大学出版社,2003.
[52] 扬帆.金融危机处置与退市法律保障[M].北京:中国社会科学出版社,2003.
[53] 齐爱民,刘颖.网络法研究[M].北京:法律出版社,2003.
[54] 周庆山.信息法[M].北京:中国人民大学出版社,2003.
[55] 马民虎.互联网安全法[M].西安:西安交通大学出版社,2003.
[56] 约纳森·罗森诺.网络法——关于因特网的法律[M].张皋彤等译.北京:中国政法大学出版社,2003.
[57] 达尼埃尔·马丁,佛雷德里克—保罗·马丁.网络犯罪——威胁、风险与攻击[M].卢建平译.北京:中国大白科全书出版社,2002.
[58] 简·考夫蔓·温,本杰明·赖特.电子商务法[M].第四版.张楚,董涛,洪永文译.北京:北京邮电大学出版社,2002.
[59] 齐爱民,万暄,张素华.电子合同的民法原理[M].武汉:武汉大学出版社,2002.
[60] 何家弘.电子证据法研究[M].北京:法律出版社,2002.
[61] 王云斌.网络犯罪[M].北京:经济管理出版社,2002.
[62] 孙昌军,郑远民,易志斌.网络安全法[M].长沙:湖南大学出版社,2002.
[63] 张楚,董涛,安永勇.电子商务与交易安全——网络商务环境中的技术与法律问题[M].北京:中国法制出版社,2002.
[64] 王泽鉴.民法总则[M].增订版.北京:中国政法大学出版社,2001.
[65] 齐爱民,徐亮.电子商务法原理与实务[M].武汉:武汉大学出版社,2001.
[66] 王卫国.过错责任原则:第三次勃兴[M].北京:中国法制出版社,2000.
[67] 张新宝,李倩.惩罚性赔偿的立法选择[J].清华法学,2009(4):5-20.
[68] 韩焕玲.消费者的自主选择权——从 QQ 与 360 大战说开去[J].经济研究导刊,2011(7):209-211.
[69] 汤建辉.论消费者自主选择权中的司法救济[J].求索,2011(3):137-139.

[70] 魏方.个人数据隐私权“被商品化”的法律问题研究[J].科技与法律,2011年(1):75-79.
[71] 蓝蓝.关于网络隐私权制度的几点思考[J].河北法学,2006(3):87-92.
[72] 潘志玉.论互联网上隐私权的侵权法保护[J].河南大学学报,2011(2):79-82.
[73] 范进学,张玉洁.论信息网络风险下的隐私权法律保护[J].山东社会科学,2011(1):20-25.
[74] 邱本.论市场监管法的基本问题[J].社会科学研究,2012(3):70-76.
[75] 刁胜先.网络自由不能承受之优——从3Q大战看网络用户民事权益的保护[J].重庆邮电大学学报,2011(2):44-51.
[76] 许玥.3Q案之滥用市场支配地位的认定[J].经济研究导刊,2011(2):179-180.
[77] 王泽鉴.人格权的具体化及其保护范围·隐私权篇(中)[J].比较法研究,2009(1):1-20.